欢乐数学营

数字糖果

1

胡顺鹏

著

人民邮电出版社
北京

图书在版编目（CIP）数据

数学糖果. 1 / 胡顺鹏著. -- 北京：人民邮电出版社, 2021.4
（欢乐数学营）
ISBN 978-7-115-54897-9

Ⅰ. ①数… Ⅱ. ①胡… Ⅲ. ①数学－青少年读物 Ⅳ. ①O1-49

中国版本图书馆CIP数据核字(2020)第180451号

内 容 提 要

　　本书重视关联性。学习的乐趣之一在于知识的关联性。本书以数学概念、数学思维和数学家为关联点，将与关联点相关的星星点点的数学知识联结成系统，尝试引导读者从发散性的思考中寻找乐趣，从系统性的总结中拓展认知。

　　本书的重点不是分享解题技巧，而是期望展示数学的趣味性。希望读者在汲取校内的数学正餐营养之外，能通过本书多多体验甜点般的数学趣味：洪水决堤可关联到埃及的几何学及中国的勾三股四弦五，童话中糖果屋的故事蕴含着数学中的还原思想，笛卡儿开创性的数学思想受益于他早晨躺在床上冥想……

　　本书表达了笔者对数学的一种看法。数学不等于解题，它是认识多彩世界的一种角度。从数学角度放眼，可看见许多有用的知识、有趣的想法、传奇的故事，它们在内容上与数学相关，但不囿于数学教材所关注的范畴。数学不只存在于校内课堂，它遍布在更大的世界。

　　本书以数学为切入点，将趣味性的知识、想法、故事关联成册，适合小学高年级学生和中学生阅读。

◆　著　　　　　胡顺鹏
　　责任编辑　　李　宁
　　责任印制　　陈　犇

◆　人民邮电出版社出版发行　　北京市丰台区成寿寺路 11 号
　　邮编　100164　　电子邮件　315@ptpress.com.cn
　　网址　https://www.ptpress.com.cn
　　北京瑞禾彩色印刷有限公司印刷

◆　开本：690×970　1/16
　　印张：14　　　　　　　　　　2021 年 4 月第 1 版
　　字数：204 千字　　　　　　　2021 年 4 月北京第 1 次印刷

定价：69.00 元

读者服务热线：(010)81055410　印装质量热线：(010)81055316
反盗版热线：(010)81055315
广告经营许可证：京东市监广登字 20170147 号

目录

1

小概念

1. 几 何

"几何"一词译自外文，现在的英文写法是 geometry。从构词上看：geo 有大地之意，metry 有测量之意。流传下来的观点与证据显示：几何的起源与土地测量相关。

若尝试为文明的产生寻找规律，容易发现很多文明具有一个共同特征：起源于大河流域。

文明得以发展，很大程度上依赖于经济的发展——经济基础决定上层建筑。历史进程中，农业在相当长的时间里饰演着独撑经济的角色。一般情况下，地势平坦、土地肥沃、气候温和的地区利于农作物的生长，很多大河流域具有这般利于农业发展的环境优势。

中华文明源自黄河流域，古印度文明源自恒河流域，古巴比伦文明源自幼发拉底河、底格里斯河。同样，古埃及文明得益于尼罗河。

尼罗河流域土地肥沃，原因之一是每隔一定时间，尼罗河便要决堤一次。决堤的河水会将河底富含营养成分的淤泥冲刷到土地之上，周期性地滋养农作物的生长。

像很多利弊平衡的事情一样，这个过程也存在一个问题——河水会送来淤泥滋润土地，但同时也会冲垮原本有序的耕田，甚至冲毁部分土地。例如：原来图坦卡蒙·张三有一片形状很好看的土地，河水决堤之后，他虽然踩陷于沃腴肥美的土地中，却总也笑不起来，因为他再也找不到他家原有土地的界限啦。一次决堤使得古埃及人正常有序的生活受到破坏，极易引起各种矛盾和混乱。

为维护社会正常有序地运转，聪明的古埃及法老会派遣一些专员（他们被称作"司绳"）解决这些问题。他们专门负责重新测量土地、重新分配土地、重新根据土地状况制定税收额等。几何学就这样在测量一块块规则与不规则土地的过程中产生并发展起来。

这是古希腊历史学家希罗多德关于古埃及几何学产生的说法。

古埃及的文献记录显示，用于进行计算的很多数值只取到近似值，这是因为最初数学是为解决实际问题而产生的——实际问题中的很多数值做不到也不需要绝对准确。

在解决实际问题的数学的发展过程中，几何先于代数发展起来。当然，几何并非只研究面积问题，还有非常重要的其他范畴——

角度：三角板中最大的角为 90 度的直角，正六边形的一个内角为 120 度，分针每小时旋转 360 度。

长度：姚明的身高约为 226 厘米；胡夫金字塔的高度约为 146.5 米；中国南北两端相距约为 5500 千米，东西两端相距约为 5200 千米；地球赤道的周长约为 40076 千米。

体积：一滴水的体积约为 0.05 毫升，碗的容积一般为 250 毫升至600 毫升，成年人胃的容积是 50 毫升至 3000 毫升，浴缸的容积约为 400 升。

角度、长度、面积、体积等都是几何学研究的内容。

"几何"二字由徐光启翻译《几何原本》时所创，后人推测是 geo 的音译。徐光启是明末数学家、农学家、政治家、军事家，如果非要再找一个"家"，那应该是"起名家"——非常擅长起名字的专家。

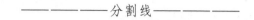

————————分割线————————

- 柏拉图，与老师苏格拉底、学生亚里士多德并称为古希腊三贤，他 40 岁时，在雅典城外西北角的 Akademy 创立了"柏拉图学院"——后世高等学术机构（Academy）因此得名。柏拉图学院是西方大学的前身，相传学院的门楣上铭刻着这样一句话：不懂几何者不得入内。

- 在柏拉图学院中，数学是必修的课程，在 15 年的学制里有 10 年的时间学生需要学习几何。柏拉图被称为"数学家的缔造者"，学院的毕业生中有许多伟大的古代数学家，如欧多克索斯、欧几里得。

- 《几何原本》又称《原本》，由古希腊数学家欧几里得编著，共 13 卷，包括公理、公设、定义、命题。

- 《几何原本》的第 4 个公设是所有直角都相等，它蕴含着这样的深意：几何图形在哪里并不重要，同样的规则适用于空间中的任何地方，与位置无关，即空间是同质的。

- 在《几何原本》中，欧几里得归纳了所有最新的古希腊数学发现和技巧，综合了毕达哥拉斯、柏拉图、欧多克索斯以及其他人的成果。书中严格的演绎和可靠的证明成为后世科学文本的楷模。

- 数学史学家希斯称《几何原本》是"世上最伟大的数学教科书"。

- 哲学家、逻辑学家罗素曾在文章中表示："我 11 岁时在哥哥的指导下开始学习《几何原本》，那是我生命中最精彩的一段时光，如同初恋般光彩夺目，我根本无法想象世间还有什么其他事情能如此令人着迷。"

- 1582 年，意大利人利玛窦将 15 卷本版的《原本》带到中国。徐光启与利玛窦合译了前 6 卷的几何部分，并改《原本》之名为《几何原本》。后 9 卷由清代数学家李善兰与英国人伟烈亚力翻译。

- 现在几何中的名词平行线、直角、锐角、钝角等，都译自徐光启之手。上海的徐家汇也与徐光启有关。

● 徐光启的后代中有位女士叫倪桂珍，她结婚后育有 6 个孩子，他们的名字分别是宋霭龄、宋庆龄、宋子文、宋美龄、宋子良、宋子安。

● 巨石阵位于英格兰威尔特郡索尔兹伯里平原。地形考古学家安东尼·约翰逊认为：巨石建筑背后的指导原则并不源于天文学，而是源于几何学。证据显示，巨石阵的建造者们从经验出发，获取了复杂的毕达哥拉斯几何知识，且要比毕达哥拉斯本人早近 2000 年。

● 阿拉伯地区的数学在三角学、球面数学及地图学上进展巨大，这得益于"朝拜"问题——不论穆斯林身处何处，他们都会朝向圣城麦加祈祷。每一座清真寺建成后，都需要有一个壁龛指向麦加的精确方向。

● 印度数学家擅长三角学，他们意识到：半满月时，地球、月球、太阳构成了一个直角三角形（月球处于直角的位置）。通过角度测量，他们算出地球到太阳的距离是地球到月球距离的 400 倍。这个数值与现代结果的误差小于 3%。

———————— 回头线 ————————

回味 1："几何"的英文写法是_____。

回味 2：把"几何"二字译出的人物是明末数学家_____。

回味 3：埃及有金字塔、狮身人面像，还有一条大河叫_____。

2. 勾股定理

世界上有很多心灵手巧的人，他们一出手便与众不同，我们听过他们的名字或见过他们的作品，例如：绘制《星空》的荷兰画家凡·高，设计国家体育场（鸟巢）的瑞士建筑师赫尔佐格、德梅隆，涂鸦伦敦的英国炫酷街头艺术家班克西。

还有一些心灵手巧的人，他们的内心一样丰富，一出手也是脱颖超众，只是我们很少听见他们的名字。但如果仔细观察，便常常能看到他们的"作品"。

他们折叠纸片，能折得异常笔直整齐；

他们系鞋带，能系出一朵花的美感；

他们缝纫衣服，针脚的轨迹像一件艺术品；

他们做晚饭，好看到让人不忍下筷……

巧人常常有，我们偶尔能听到他们的故事。我曾听长辈讲过这样一个故事片段——

有位砌墙的泥瓦工，做事有想法又非常细致，砌墙又快又直，有口皆碑，只可惜错过了上学的时机，没系统地学过数学知识。

有一次他与同事分享工作中的经验，其中一条是，砌相互垂直的墙角时，从一面墙量出 30 厘米，定个点，再从另一面墙量出 40 厘米，定个点，如果这两个点的距离是 50 厘米，就说明这个墙角砌得非常好。

学过小学几何的同学都能或都会知道，他所总结的是数学中一个了不起的定理：勾股定理。

下面简单描述勾股定理的内容：在直角三角形中，两条直角边的平方之和等于斜边的平方，即勾^2+股^2=弦^2。

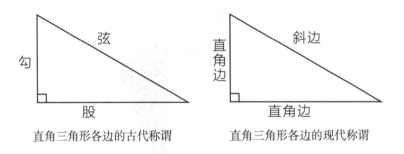

直角三角形各边的古代称谓　　　直角三角形各边的现代称谓

勾股定理的名字不唯一，几种常见的称谓如下——

①勾股定理：古代称较短的直角边为勾，较长的直角边为股，斜边为弦。

②商高定理：西周时（约公元前1000），商高提出了勾三股四弦五。

③毕达哥拉斯定理：因古希腊数学家、哲学家毕达哥拉斯（约公元前580—约公元前500）给出具体证明而得此名。

④百牛定理：相传毕达哥拉斯证明出该定理后，斩了一百头牛庆祝，

由此得名。

　　虽然"商高"听起来像"智商很高"的意思，但它确实只是一个人名呀！

——————分割线——————

- 商高与周公对话时提到：勾广三，股修四，径隅五（即勾三股四弦五，出自《周髀算经》）。商高告诉周公，这个结论是大禹治水时总结出来的。
- 周公姓姬名旦，是周文王之子，周武王之弟。在周朝的制度中，公为王之下的最高爵位（公、侯、伯、子、男）。
- 三国时，东吴数学家赵爽用著名的弦图（勾股圆方图）证明了勾股定理。

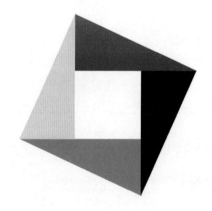

- 毕达哥拉斯是用诗歌的形式描述毕达哥拉斯定理的——

斜边的平方

如果我没有弄错

等于其他两边的

平方之和

- 早在毕达哥拉斯之前，许多民族已经发现了勾股定理——古巴比伦、古埃及、古印度、古代中国都有历史证据证明它的真实存在。但是，早期的发现者没有将这个事实上升到定理：指出该结论对所有直角三角形都成立，并给出相应的证明。毕达哥拉斯本人是第一个给出几何证明的人，之后他的证明方法被他的追随者中的数学家广为传播。

● 毕达哥拉斯定理是几何学中的定理，但它与数论之间有一个重要联系：直角三角形的三条边可以都是整数，且欧几里得证明了这样的三元数有无数多组。费马进一步思考，提出了猜想——当毕达哥拉斯定理中的平方被更高次方取代时，方程不存在正整数解。这便是后来的"费马大定理"（当整数 n 大于 2 时，方程 $x^n + y^n = z^n$ 不存在正整数解）。

● 定理——在既有命题的基础之上被证明为真的命题。该命题在被证明为真之前，被称为"猜想"；被证明为真之后，被称为"定理"；被证明为假之后，就只被当作一段故事。例如：费马猜想在 1995 年被英国数学家安德鲁·怀尔斯证明为真后，改称为"费马大定理"。

● 公理——依据人类理性，不证自明的基本事实，即不需要再加以证明的正确命题。它是逻辑的起点，可用来推导其他命题，但不能由其他命题推导得到。

● 毕达哥拉斯学派认为所有数都能表示成整数或整数的比的形式，但毕达哥拉斯的一个学生希帕索斯提出了疑问——边长为 1 的正方形的对角线，它的长度不能被表示成两个整数的比。

● 希帕索斯的发现导致了数学史上的"第一次数学危机"。因为这一发现颠覆了毕达哥拉斯学派的理论基石，结果希帕索斯被残忍地投入海中溺死了。

● 常见的勾股数有 3、4、5，5、12、13，7、24、25，9、40、41 等。

● 勾股数的一种构造方法：任取两个不同的正整数 a、b，若 $a > b$，则 $2ab$、$(a^2 - b^2)$、$(a^2 + b^2)$ 三数可构成一组勾股数。

● 古印度人对勾股定理的描述是这样的：矩形对角线生成的正方形的面积，等于矩形两边各自生成的正方形的面积之和。

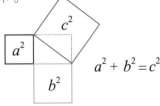

$$a^2 + b^2 = c^2$$

● 吠陀语的《绳法经》由古印度数学家波达亚纳写就于公元前 8 世纪左右，其中就有毕达哥拉斯定理，并列出了毕达哥拉斯三元数（勾股数）。有人认为毕达哥拉斯看过《绳法经》。

———————— 回头线 ————————

回味 1：勾股定理在中国又被称作_____。

回味 2：勾股定理在外国常被称作_____。

回味 3：勾股定理的证明方法很多，三国时的赵爽是用_____来证明的。

3. 圆周率

有没有这样一个星球：它头顶的恒星是正方形的，它的卫星是平行四边形的，它本身是长方形的，它降下的雨滴是三角形的，它形成的彩虹是椭圆形的，上面居民的脑壳是梯形的……

可能有，但我们地球不是，地球里里外外圆形遍布——

圆圆的太阳落山后，圆圆同学穿着带圆形跑钉的足球鞋绕广场中圆形的水池跑了最后一圈，然后准备回家写戴着圆形眼镜的数学老师布置的"圆与扇形"作业。

圆圆来到门外，旋转圆形的门把手把门打开，又打开开关，天花板上圆形的吊灯亮起来。圆圆走到书房，拿出圆柱形的铅笔，开始在圆形的书桌上写作业。刚用圆规画了一个圆后，发现已经被用圆了的橡皮找不到了。看来需要去楼下超市跟肚子圆圆的袁老板买橡皮。

圆圆排在队伍的第三位，一边等着购物一边猜想面前圆球形的棒棒糖的味道。排在他前面的是两个脑袋圆圆的男孩。

袁老板正瞪着圆圆的眼睛看电视中的运动员踢圆圆的足球，心不在焉地问第一个圆脑袋的男孩："买啥？"

男孩说买一块圆形的橡皮。袁老板瞪了瞪圆圆的眼睛有些不高兴，因为橡皮放在货架最上层靠近圆圆的乒乓球的地方，要拿橡皮需要绕个圈去隔壁扛梯子。

本着顾客至上的原则，袁老板扛来梯子，取下一块圆形的橡皮，卖给第一个男孩，又绕个圈，把梯子送回隔壁。

然后依旧心不在焉地问第二个脑袋圆圆的男孩："买啥？"

男孩说："我也要买一块圆形的橡皮。"

圆圆的钟表显示晚上 7:32 的这一刻，袁老板瞪圆了眼睛俯视第二个男孩，怒问："为什么不早说？！为什么不早说？！"

愤怒的袁老板扛来梯子，取下一块圆形的橡皮，卖给第二个男孩，准备再绕个圈，把梯子送回隔壁。

当然，聪明的袁老板在把梯子送回之前问了圆圆一个重要的问题："你买啥？是不是也要买一块圆形的橡皮？"

圆圆告诉袁老板："不！我不买一块圆形的橡皮。"

袁老板很高兴，整个脸都乐圆了，高高兴兴地把梯子扛回隔壁，又跑回来，然后问圆圆："你买啥？"

圆圆说："老板，我不买一块圆形的橡皮，我买两块圆形的橡皮，两块……"

圆形如此普遍，自然吸引学者们的注意。在研究圆的最初阶段，"圆周率"成为各国科学家们研究的重点，对圆周率推算的精确程度一度反映了该地区数学发展的水平。

圆周率，一个无限不循环小数（3.141592…），通常用希腊字母 π 表示。它代表的意义是圆的周长与圆的直径的比值（商）。

一个圆，不管是小的像小丑鱼尼莫的眼睛，还是大的像遥远的太阳，它的周长与直径的比值总是一个固定的值，即圆周率 π。

如果时光倒流，我们获得一个给圆周率重新命名的机会，那么把它的名字改为"周直率"——周长与直径的比——应该更直观合适吧。

——————分割线——————

- 圆周率，也被称为阿基米德常数。

- 阿基米德，古希腊数学家，开创了理论计算圆周率近似值的先河。他利用圆的内接正多边形和外切正多边形求取圆周率的下界值与上界值，再取二者的平均数作为圆周率的近似值。

- 在古希腊的编码记数系统中，希腊字母 π 曾被用来表示 80。

- 从 1647 年起，π 被用作表示圆的周长与直径的比，英国数学家威廉·奥特里德首次在文章中使用了它。1706 年，威廉·琼斯第一次使用符号 π 表示 3.1415926。后来，瑞士数学家莱昂哈德·欧拉进一步推广了 π 的应用。

- 1761 年，约翰·兰伯特证明了 π 是一个无理数（无法表示为分数的数）。

- 1882 年，德国数学家林德曼证明了 π 是"超越"的，这一发现证明了"化圆为方"是不可能做到的。

- 尺规作图（利用圆规和无刻度直尺画图）三大难题——

  ①化圆为方：作一个正方形，使它的面积等于已知圆的面积。

  ②三等分角：将一个任意角三等分。

  ③倍立方：作一个立方体，使它的体积是已知立方体体积的两倍。

- 圆周率也可用滚圆法、绕线法、软尺测量法等实验方法估算。

- 《周髀算经》中记载过"径一而周三"，即圆周率取 3。

- 刘徽在《九章算术注》中引进了"割圆术"，得到圆周率 $\pi \approx \dfrac{157}{50} = 3.14$。此值被称为徽率。

- 祖冲之是中国数学史上第一位名列正史的数学家。《隋书》中记载了祖冲之算出的圆周率的值：3.1415926<π<3.1415927。

- 泰勒斯（约公元前 624—公元前 546）是我们已知姓名的最早的数学家。毕达哥拉斯曾是泰勒斯的学生。

- 泰勒斯把棍子插在地上，通过比较棍子影子的长度与金字塔影子的长度，计算出了胡夫金字塔的高度。

- 胡夫金字塔正方形底座的周长是其高度的 2π 倍。

- 约率为 $\dfrac{22}{7}$，密率为 $\dfrac{355}{113}$，它们都是祖冲之计算圆周率的成果。日本数学史家三上义夫主张把 $\dfrac{355}{113}$ 称为祖率。

- 祖暅（又叫祖暅之），祖冲之的儿子，也是著名数学家，球体体积公式 $V=\dfrac{4}{3}\pi r^3$ 的得出即归功于祖冲之父子。

- 阿耶波多在《阿耶波多文集》中这样描述圆周率：4 加上 100 再乘 8，然后加上 62000，得到的结果大约是直径为两万的圆的周长。根据这种算法，可知他使用的圆周率为 3.1416。更有意义的是，他认识到只能估算圆周率，即圆周率是一个无理数。

- 莱布尼茨 27 岁那年（1673 年），在伦敦旅行时发现了圆周率的表达式：$\dfrac{\pi}{4}=1-\dfrac{1}{3}+\dfrac{1}{5}-\dfrac{1}{7}+\cdots$。

- 1671 年，苏格兰人詹姆斯·格雷戈里（1638—1675）发现了 $\dfrac{\pi}{4}=1-\dfrac{1}{3}+\dfrac{1}{5}-\dfrac{1}{7}+\cdots$。

- 有这样的说法：14 世纪时，在印度南部地区喀拉拉，有一个天文数学家的喀拉拉学派，他们影响了欧洲数学家的数学成就——

  ①麦德哈瓦发现了圆周率可以用无穷个分数相加减的结果表示：$\dfrac{\pi}{4}=1-\dfrac{1}{3}+\dfrac{1}{5}-\dfrac{1}{7}+\cdots$，这正是两个世纪后德国数学家莱布尼茨发现的等式。

  ②喀拉拉学派在处理无穷小量（无限趋近于 0 的量）上取得了很大成就，领先于牛顿与莱布尼茨发现了早期的微积分学。

  ③有人认为，费马、莱布尼茨以及其他近代数学家的成果，受益于他们熟悉印度数学家的工作成果。

- 时至今日，圆依然充满神秘色彩，达·芬奇的画作《维特鲁威人》可作为该观点的一个注解。

● 罗马建筑家马库斯·维特鲁威在他的著作《建筑十书》中写道：如果一个男人平躺下来，手和脚都伸展开，用圆规以他的肚脐为圆心作圆，那么他的手指和脚趾都将落在圆周上。同时，人的身体不仅能构成一个圆，也可以构成一个正方形。

———————— 回头线 ————————

回味 1：圆周率用希腊字母_____表示。

回味 2：圆周率是指_____与_____的比值。

回味 3：中国第一位名列正史的数学家是_____。

4. 阿拉伯数系

提到"阿拉伯",我们首先会围绕《一千零一夜》中的故事开始漫想——

纯绿色无污染的出行工具:飞毯——彩虹色的羊毛织制,抚之软滑、用之暖轻。春天乘它郊游野炊,小吃、饮料摆就,可从门口直升出发,无须二次摆盘,绝对一步到位。晚上躺在其上,俯视可看城市五彩灯光,仰视可赏满天繁星。

比流星更灵验的许愿神器:阿拉丁神灯。擦一擦,灯神如烟花般跳出,即刻可参与双人游戏或羽毛球运动,从此完美规避缺少玩伴的独行状态。游戏结束,热情的灯神还非要满足人三个愿望,切记:第一个、第二个愿望可以随意拟定,但第三个愿望一定要是——明天请再满足我三个愿望。

周游世界的冒险家:辛巴达。开快船,破风浪,穿梭于七海之间,在神秘的东方购买丝绸和瓷器,去波斯湾的海港交换地毯和葡萄酒。与最勇猛的海盗比试剑术,被他赖走嵌满宝石的两个酒壶和一把短刀,同最强的魔法师达成协议——他出借时长两小时的风袋,交换辛巴达手中亚得里亚海域最诱人的藏宝图。

当然,还有更重要的一项:阿拉伯数字。

阿拉伯数系,现今国际通用的数字书写体系,指由 0、1、2、3、4、5、6、7、8、9 这 10 个数字表示的十进制数字书写体系。在今天,世界上存在着数以千计的语言系统,而这 10 个阿拉伯数字却可能是唯一通用的符号。

有些事情流行起来轻易地像一夜吹绿万山的风,而有些事情却要经历漫长的一波三折。阿拉伯数系在世界流行的过程属于后者。

第一折：产生。阿拉伯数字由古印度人发明——1~9 这 9 个数字起源于婆罗米语，这是 1 世纪时印度文化所使用的语言。

第二折：迁移。作为十进制位值制记数系统的阿拉伯数系，被阿拉伯帝国吸纳。然而，进入阿拉伯国家之后，阿拉伯数系并没有得到及时的普及，直到经哲学家阿尔·辛迪和数学家阿尔·花拉子密推广后，阿拉伯学者才改用了新的记数系统。

第三折：传播。阿拉伯数系经阿拉伯人改造后传入欧洲，进而得到推广。伟大的文化传播者斐波那契，在将阿拉伯数系引入欧洲的过程中起到了重要的推进作用，这对随后意大利的文艺复兴产生了一定的影响。

需要说明的是，考古学家们在印度的一些石柱和墙壁上发现了阿拉伯数字的痕迹，但这些痕迹中是缺少"0"这个符号的。直到 7 世纪，在婆罗摩笈多的著作中，0 才首次作为一个数字出现，并出现了使用 0 和负数的算术规则。

————————分割线————————

- 在6世纪的印度，数字0最初是用实心点号表示的，后来逐渐演变成圆圈。

- 在中国的算筹记数法中，没有表示0的符号，习惯上用空位表示0。在古巴比伦人的数字系统中，也是用空位表示0。

- 在科学发展的进程中，经常出现惊人的"巧合"：英国的牛顿与德国的莱布尼茨，各自独立地发明了微积分；英国的达尔文与华莱士，各自独立地提出了进化论的观点；德国数学家莫比乌斯与利斯廷，各自独立地发现了莫比乌斯带。

- 大约公元前1000年，玛雅人居住在如今的墨西哥和危地马拉，他们的文明在公元3世纪达到顶峰。玛雅人有自己的进位制数字系统，与阿拉伯数系相似，但要早几个世纪。玛雅人有0这个符号，他们用一只贝壳或眼睛来表示。

- 花拉子密于公元820年将印度的数字系统引入阿拉伯地区。1202年，斐波那契在《算经》中又将其引入欧洲。在《算经》中，阿拉伯数系是包含数字0的。

- 中世纪的印度数学家掌握了诸如负数、0、无穷这样的概念，而西方世界在这之后几个世纪都没能掌握。

- 表示0的词汇比表示其他数字的词汇多很多，例如有这样一些。

  ① zero：1598年英国首次使用，它来自意大利语 zefiro（西风）；源头是斐波那契在《算经》中提到，阿拉伯人称0为 zephirum。

  ② goose egg：美国术语里用 goose egg 表示0分——中国人喜欢称0分为鸭蛋。

  ③ love：在网球比赛中，love 表示零分。它来自法语 l'oeuf（"蛋"的意思）。

- 斐波那契（1170—1250），出生在意大利比萨，年轻时随父亲前往阿尔及利亚，接触了阿拉伯数字及其计算方法，回到比萨后，出版了著名的《算经》，此书又名《计算之书》《算盘书》（这里的算盘指的是用于计算的沙盘，而非中国的算盘）。

- 斐波那契对数学知识的推广做出了巨大的贡献。16世纪，意大利数学家卡尔达诺说:"所有我们掌握的希腊以外的数学知识,都是由于斐波那契的出现而得到的。"

● 事实上,斐波那契不是第一个试图在欧洲推广阿拉伯数系的人。当时存在两个派系:

①算盘派:用算盘计算结果,并用罗马数字记录结果;

②算术派:使用阿拉伯数字计算。直到14世纪算术派才占据上风。

● 曾有一位数学家对数字0有过这样的评价:在13世纪时把数字0引入十进制系统,是整个数系发展阶段中最具代表性的一个里程碑,它使得大数的计算变得可行。如果没有数字0,不论是商业、天文、物理、化学还是工业模型推演的进展都将变得难以想象。数字0这个符号的缺失是罗马数字系统的致命伤。

● 罗马数字中是没有0的。当学者把0介绍给大家时,受到了罗马教皇的严惩,教皇认为上帝已经把世界创造得足够完美,引入新的数字是对它的亵渎。该学者被施以酷刑,以致他再也不能握笔写字了。

● 罗马数字起源于古罗马,共有7个数字符号——Ⅰ、Ⅴ、Ⅹ、Ⅼ、Ⅽ、Ⅾ、Ⅿ。

阿拉伯数字	1	2	3	4	5	6	7	8	9	10	50	100	500	1000
罗马数字	Ⅰ	Ⅱ	Ⅲ	Ⅳ 或 ⅠⅠⅠⅠ	Ⅴ	Ⅵ	Ⅶ	Ⅷ	Ⅸ	Ⅹ	Ⅼ	Ⅽ	Ⅾ	Ⅿ

● 有人认为,罗马数字具有象形性:Ⅰ、Ⅱ、Ⅲ、ⅠⅠⅠⅠ长得像手指,Ⅴ长得像手掌,Ⅹ像两个手掌。

● 罗马数字 ⅠⅠⅠⅠ和Ⅳ都可以代表4。法国国王路易十四,如今普遍被写为 Louis XIV,但他更喜欢 Louis XIIII这种写法。他还定下规则,要求他的时钟的4点钟要记作 ⅠⅠⅠⅠ点钟。

● 中国古代使用的是算筹记数法。算筹是一根根同样长短粗细的小棍子,通过不同的摆放方式来表示不同的数字。

	1	**2**	**3**	**4**	**5**	**6**	**7**	**8**	**9**
横式:	一	=	≡	≣	≣	⊥	⊥	⊥	⊥
纵式:	Ⅰ	Ⅱ	Ⅲ	Ⅲ	Ⅲ	T	T	T	Ⅲ

● 中国开始使用阿拉伯数系是在 17 世纪。

● 直到 18 世纪，俄国才用阿拉伯数系取代了基于希腊数字的记数系统。

———————回头线———————

回味 1：阿拉伯数字的发明者是_____人。

回味 2：阿拉伯数系使用的进制是_____。

回味 3：数学家斐波那契来自_____。

5. 进 制

先从一个成语开始——半斤八两。

我跟一个小朋友聊天，从学校最近流行的顺口溜开始，一路跑题，直聊到大家喜欢的课外活动。

他说："我开始学下棋了，下得还行，上次学校组织下棋比赛，巧了，我跟同年级下棋最厉害的人分到了一组，两人较量了一下，只可惜我 1∶3 输了。"

看来水平较高，跟同年级最厉害的人较量还能赢一局，实力不容小觑啊。我问他："这一局是怎么赢的？是以绝对优势获胜，还是奇招险胜？"

他说："第一局，他没来，我赢了；后来，他来了，我就输了。"

这——￥#% ￥#%~~~

这时候，长他几岁的哥哥过来说："别听他吹牛，他就是个'臭棋篓子'，跟我一样，水平一般，我俩半斤八两。"

小朋友问："什么叫'半斤八两'？"

…………

半斤八两的通俗解释是彼此不相上下，水平相当。

看得懂秤又爱思考的同学这时候就忍不住要反驳了：半斤等于五两，五两与八两差三两，三两比五两的一半还多！怎么能说五两和八两差不多呢？

这一反驳体现了很强的数学思维习惯——定量分析问题，在逻辑上也毫无破绽可言，只可惜忽视了成语产生的历史背景——古代。

从秦朝开始，到中华人民共和国成立，"衡"的标准是 1 斤 =16 两，即使用十六进制。这样一来，半斤 = 八两，半斤八两自然是不相上下之意啦（即使是在中华人民共和国成立之后，直到 20 世纪 80 年代，中国乡村的秤仍存在十六进制）。

在日常生活学习中，使用最频繁的进制是十进制，这可能要归因于 16 世纪倡导的统一使用十进制的运动——最后大家认可十进制记数法是最好的选择，进而十进制在全球被接纳和使用。

但这个世界上除了十进制，仍存在很多其他进制——

二进制：满二进一，含数字 0、1。

十二进制：满十二进一，含数字 0、1、2、3、4、5、6、7、8、9、A、B。

十六进制：满十六进一，含数字 0、1、2、3、4、5、6、7、8、9、A、B、C、D、E、F。

此外，还有二十进制、六十进制等。

进制数越高，一个数表示起来需要的数位可能越少，这是它的优势之一。但进制数越高，需要的数字符号越多（十进制需要 10 个数字符号，十二进制需要 12 个数字符号，十六进制需要 16 个数字符号），表达起来越复杂。很自然地，学习 3 个数字符号要比学习 20 个数字符号省力。在最初的计数过程中，简单直接的进制更受欢迎。例如——

五进制：一只手有 5 根手指，用起来比较方便。至今南美洲的某些地区人们仍用手计数——1、2、3、4、手（代表 5）、手和 1（代表 6）、手和 2（代表 7），以此类推。

十进制：双手共有 10 根手指，双手一起掰扯也是很方便的，毕竟不需要借用别人的手。古希腊哲学家亚里士多德认为：十进制被广泛采纳，是由于我们绝大多数人生来就有 10 根手指这样一个事实。

二十进制：双手加双脚共二十指（趾），想想赤脚时代，数脚趾多么方便。美洲印第安人使用过二十进制，包括文明高度发达的玛雅人。

以上几种进制可总结为"身体计数"系列——使用身体中的某些部位参与计数。先人们的智慧与实用原则可见一斑。值得庆幸的是，古人没有用拔胡子、薅头发的方式来计数，否则，不知有多少胡、发会伤亡于指掌之间。

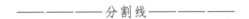
———————分割线———————

● 莱布尼茨，德国数理哲大师，发明了二进制。有种说法：中国的易经八卦为莱布尼茨发明二进制提供了灵感。还有种说法：刚才这种说法仅仅是一种说法。

● 现在欧洲人的语言和习惯仍保留有十二进制的痕迹：1 打 =12 个，1 英尺 =12 英寸，1 先令 =12 便士。

● 在英国的小学教科书里，"九九乘法表"保留有十二进制的痕迹，即从 $1 \times 1 = 1$ 到 $12 \times 12 = 144$。

● 一年有 12 个月——月球绕地球 12 圈。月球直径约是地球直径的 $\frac{1}{4}$，质量约是地球的 $\frac{1}{81}$。月球自转与公转的周期相等，因此月球绕地球旋转时，总是以同一面朝向地球。

● 中国古代设有十二地支：子、丑、寅、卯、辰、巳、午、未、申、酉、戌、亥。一个地支对应两个节气，十二地支对应一年的二十四节气；一个地支还对应两小时，十二地支对应一天的 24 小时（子时为 23 时~1 时，其他以此类推）。

- 相传，秦始皇统一中国后，开始着手统一钱币和度（长度）、量（体积）、衡（质量）。李斯的工作在做到"衡"时卡壳了，于是去请教秦始皇，秦始皇提笔写了4个字"天下公平"。李斯就数了数这4个字的笔画，这4个字共16画，于是规定：一斤等于16两。

- 相传，木杆秤由鲁班发明，他根据北斗七星和南斗六星，于秤杆上刻制了13颗星花，定为13两一斤。秦朝统一天下后，在秤杆上添加了3颗星，改为16两一斤——新加的这3颗星分别寓指福、禄、寿，告诫商人做生意要诚实守信，缺一两少福，短二两无禄，少三两折寿。

- 质量使用十六进制，可能是因为16是2的整数次幂，它在多次除以2后仍能得整数。买一斤肉，可以多次二等分：切一半还剩8两，再切一半还剩4两，再切一半还剩2两，再切一半还剩1两。看，都能得到整数。

- 法语中有二十进制的痕迹，例如：在法语中80被表示成4个20（quatre-vingts）。

- 英语中有二十进制的影子，例如：英语中有score（20）这样的数词。

- 古巴比伦人有六十进制的记数系统，还有专门的符号表示60、3600以及它们的倒数。这对后世产生了很大的影响。

- 由于古巴比伦历史上持续的征战与吞并，统治者需要一种能兼容五进制与十二进制的记数系统，这是古巴比伦六十进制产生的原因之一。今天我们仍能见到古巴比伦六十进制系统的影子——1圈为360度、1小时为60分。

- 有人认为：古巴比伦数学的很多方面可与文艺复兴前期比肩。

- 塞缪尔·莫尔斯发明了莫尔斯电码，电码包含3种代码：点、划、点和划之间的停顿。从进制角度考虑，莫尔斯电码使用的是三进制。

- 有没有一进制？一进制只需要一种数字，谈不上进位。若从进制角度考虑的话，人类最初的石子计数、木棍计数、刻痕计数即可看作一进制的应用。

———— —— 回头线 —— ————

回味 1：二进制中使用的两个数字是_____和_____。

回味 2：十六进制中包含_____个数字。

回味 3："一打"对应的数量是_____。

6. 计 数

这个世界上是先有人还是先有数字？很显然，这个问题比"先有鸡还是先有蛋"简单：先有人。在数字被发明前，人是怎样计数的呢？希腊神话中有这样一个故事片段，或可展示人们计数的一种操作——

奥德修斯，古希腊伊塔卡岛的国王。他的故事始于随着诸王之王阿伽门农一起攻伐特洛伊。在特洛伊战争中，奥德修斯献出"木马计"，助希腊联军攻陷特洛伊城，取得了战争的胜利。战争胜利后，他踏上了漫长的返家之路。

返家之路，劫难重重，其中一难是与独眼巨人波吕斐摩斯斗智斗勇。

奥德修斯与他的伙伴为了寻找补给，误入独眼巨人的洞穴。一部分伙伴被大力的独眼巨人残暴杀害，剩下的伙伴与奥德修斯一起被囚禁于洞穴中。奥德修斯与独眼巨人斗智，用浓烈的葡萄酒灌醉他，又用削尖的橄榄树木桩刺中巨人的独眼，最后攀躲在羊肚之下逃出了巨人的控制。

英雄部分的故事此处可以先告一段落，数学部分的故事此下恰好开始。

独眼巨人波吕斐摩斯除了与英雄人物战斗，成功扮演被打被虐的角色以成就英雄之外，还是有正经工作的，他的工作是——牧羊。

独眼巨人每天都要干一件事：数羊。数羊不是为了利于睡眠，而是为了保证每天所牧之羊未有减少。他数羊的方法是这样的——早上，每有一只羊离开山洞外出吃草，他就捡来一颗石子；晚上，每有一只羊返回山洞休息，他就扔掉一颗石子，当早上捡来的石子全部扔光时，说明羊已全数归来。

独眼巨人虽然不认识阿拉伯数字，不会使用阿拉伯数字计数，却很聪明，使用了极其可靠的石子计数方法。

数学中有个名词：一一对应。石子计数借助的便是一一对应的想法。

诗歌源于祈求丰收的祷告，人类最初的计数方法也类似，源于生存的需要。生存的经验萌生了数学中的"对应"思想，产生了一系列的计数方法。

在最初的计数方法中，比较有代表性的有——

石子计数：通过摆弄小石子来记录、计算数量。小石子在拉丁文里被称为 calculi，现在英文里 calculate 这个词就来自于用石子计数。

结绳计数：通过在绳子上打结来记录、计算数量或记事。在秘鲁的印加文明中，"奇普"是指一串绳结，人们用打结的方式、绳结的位置来记录数量或其他重要的事。

刻痕计数：通过在木、骨等物上刻痕来记录、计算数量或记事。

历史记录显示，在数学刚开始产生时，数就是一堆石子、一堆绳结、一堆笔画。换个角度说：数就是一堆"1"的组合。

不断将 1 累积以记录更大的数，是记数方法的起源。这种记数方法归属于记数中的"加法系统"。

单一累积 1 的记数方法具有局限性，不便于表达更大的数。数字符号即在这种背景下产生——最初数字符号的产生，旨在用更简单的方式表达更大的数。例如：古埃及人想表达1000这个数时，不需要把1累积1000次，只要画一朵莲花即可；想表达100000，不需要把1累积100000次，也不需要把莲花累积100次，他们选择画一只青蛙表示。

为更大的数设计一种新的符号，这属于"编码系统"的记数方法。

编码系统的局限性在于，记忆太多的编码实在让人为难。古希腊人就曾这样干过：用希腊字母表示数——π这个希腊字母现在常用来表示圆周率，在古希腊的字母记数环境中，π还可以表示80。24个希腊字母用光后，古希腊人就用类似字母的符号来表示更大的数。经验显示这种方法并不好用。

记数方法继续进步，它的下一步出现了我们现在使用的"位值系统"。在十进制中，借助于数位及某些运算，可用0~9这10个数字方便地表示超级大的整数。这已经算是方便得惊人啦！

目前人类采用的是位值制记数系统，仿佛这是记数方法进化的终点。也有可能这只是人类文明奔跑过程中的一口喘息，在将来出现更进步的记数方法也许并不是空想。

—————分割线—————

- 原始社会的猎人会收集所捕获猎物的牙齿，以此来表征他们所捕获猎物的数量。
- 居住在乞力马扎罗山上的游牧民族，其中少女习惯在脖颈上佩戴铜环，并以铜环的数量来记录她们的年龄。
- 以前英国酒保用粉笔在石板上画记号，以此来记录顾客饮酒的杯数。
- 中国人在记数时，常常用笔画"正"字。一个"正"字代表5，两个"正"字代表10。据说，这种方法来源于戏院司事们记"水牌账"。
- 伯特兰·罗素说："当人们发现一对雏鸡和两天之间有某种共同的东西（数2）时，数学就诞生了。"

- 独眼巨人在赫西俄德的《神谱》中被记录为大地之神盖亚与天空之神乌拉诺斯的后代。他是泰坦众神的兄弟，是宙斯的叔叔辈。

- 独眼巨人在荷马的《奥德赛》中被描述为海神波塞冬和海仙女托俄萨之子。所以奥德修斯在刺伤独眼巨人后，受到波塞冬的惩罚——巨浪与大风阻挠了奥德修斯回家的路，使船入歧途，以至回家之路变得漫长曲折且多磨难。

- 要表示更大的数，通常有 4 种方法——

  ①加法系统：例如罗马记数系统。在表示更大的数时，将小的罗马数字放在一起，表示将它们相加（或相减）——XI 表示 X 加 I，即 $10+1=11$。

  ②乘法系统：例如中国记数系统。用一、二、……、九这 9 个汉字表示 1~9，用十、百、千表示 10、100、1000。在表示更大的数时，将它们放在一起，表示将它们相乘——四十表示四乘十，即 $4×10=40$。

  ③编码系统：例如古埃及的僧侣体记数系统。为了表示更大的数，他们为 10、20、30、100、200、300、1000、2000、3000 等数设计了专门的符号。

  ④位值系统：例如阿拉伯记数系统。它类似于乘法系统，只不过没有使用专门的符号（如十、百、千）来表示基数。当表示更大的数时，把阿拉伯数字放在一起，数字本身所处的位置就包含着相应的位置值——阿拉伯数系中的 34，3 在十位表示 30，4 在个位表示 4。

- 利用最早的位值制系统，古巴比伦人能够只使用 2 个符号就表示出很大的数，这 2 个符号分别代表 1、10。

- 古巴比伦人的书写系统被称为"楔形文字"。他们用尖端削成三角形的芦苇秆或木棍在湿陶土上刻符号，然后将陶土烘烤，即成文本。古巴比伦的数字也是这么书写的。

- 阿基米德的《数沙者》被认为是历史上的第一部研究性论文。他在其中采用了一种记数系统，可以表示出当时能想到的最大的数。他还大胆地尝试计算了将宇宙填满需要多少粒沙子，他的结论是需要 $8×10^{63}$ 粒。

———————回头线——————

回味1：一个石子代表一只羊，两个石子代表两只羊，用到的是_____的想法。

回味2：通过在绳子上打结来记数的方法叫_____。

回味3：用画"正"字来记数时，"正正一"表示的数量是_____。

7. 分数线

讲一个关于"线"的故事——

战争是残酷的、阻碍文明发展的。

但在残酷的战场上，有微弱的文明之光在闪烁，那就是人性的光辉。人性中的某些宝贵品质在战争中得到凸显，这些品质让人热血汹涌，甚至心生向往。例如：勇气！

在以少敌多的战斗中，弱势一方的"勇气"更显耀眼。明知力量悬殊、身处下风，仍全力对抗、决不退缩，畏惧归零，决心以生命为代价，战斗到底。这是何等的豪气！

项羽最后一战。"率二十八骑冲杀于千计汉军，左冲右突得出重围……"

赵子龙闯曹营。"那枪浑身上下，若舞梨花，遍体纷飞，如飘瑞雪，三进三出如入无人境……"

辛弃疾闯金营。"赤手领五十骑，缚取叛者于五万众中，如挟毚兔，献俘行在，斩于市……"

外国也有以少敌多的军事典故，例如：克里米亚战争中的巴拉克拉瓦战役。

1854 年 10 月 25 日，俄军攻击巴拉克拉瓦谷地一带。面对 400 名俄罗斯帝国的骑兵，英军 93 步兵团的 200 名步兵排成了两条红色警戒线——英军上身着红色制服。

历史上，当步兵与骑兵在开阔地带对抗时，步兵通常选用的有效阵式是方阵。坎贝尔少将却违反常规，排出了线性队阵——或许是为了不被对方从侧翼迂回攻陷。最终，在新式膛线步枪的助力下，步兵团击溃了俄罗斯帝国的骑兵。

"细细的红线"从此成为著名的军事典故，象征着不屈的战斗精神。

数学中也有一条非常重要的线——分数线。

分数线相当于"÷"，可以想象成除号分家，分成由上下两点构成的比号"："和中间的横线分数线"—"。它们都含相除之意（分数中为分子除以分母），描述倍数关系。

现在使用的分数线"—"由意大利数学家斐波那契从阿拉伯国家引入——分数线的表示方法记录在《算经》中。当然，分数的出现更为久远，它的生命与自然数一样古老，公元前 2100 年，古巴比伦人就开始使用分母为 60 的分数啦。

——————分割线——————

● 分数来自拉丁语 broken，有"破碎"之意，代表整数的一部分。

● 把分数写成两个数，一个在上，一个在下。下面的是分母，表示把 1 平分成多少份；上面的是分子，表示这个数占了多少份。这个想法来自公元 7 世纪的印度。阿拉伯学者随后在两个数之间加了一条横线。

● 古埃及人用荷鲁斯之眼的各个部分来表示 1 除以 2 的前 6 次幂。

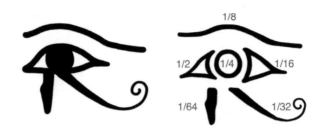

● 荷鲁斯：法老的守护神，是王权的象征，同时也是一位战神。他以鹰头人身的形象存在于古埃及的神话中。

● 古埃及人喜欢使用单位分数（即 $\frac{1}{n}$），单位分数也被称为"埃及分数"。他们喜欢把一个真分数表示成若干单位分数的和（使用"贪婪算法"可实现这种表达），用拆分的方法做加减乘除四则运算。有人认为，这种算术方法阻碍了埃及算术的发展。

● 在古埃及数学里，不允许出现非单位分数。分数都被表示成单位分数的和，而且单位分数彼此不同（相同的单位分数不能重复使用）。为此，古埃及数学家专门编制了分数表，以便于将分数拆分成单位分数。

● 贪婪算法：找到小于或等于所要表示的分数的最大单位分数，然后从原来的分数中减去这个单位分数。如此重复，便可以把一个真分数表示成若干单位分数的和。

● 埃及分数与数论中的一个重要分支——不定方程（又名"丢番图方程"，是未知数的解为整数的一类方程）相关。

● 丢番图，古希腊数学家，代数学的创始人之一。

● 花拉子密，阿拉伯数学家，被誉为"代数之父"。相传，他的遗嘱中有一道数学题——如果我亲爱的妻子帮我生个儿子，我的儿子将继承我三分之二的遗产，我的妻子将得三分之一；如果生的是女儿，我的妻子将继承我三分之二的遗产，我的女儿将得三分之一。结果，他的妻子生了一对龙凤胎。

- 丢番图亦被称为"代数之父"，他比花拉子密早出生 500 多年。

- 韦达，法国数学家，出生之日比花拉子密晚 800 年左右。他系统地使用字母来表示已知数和未知数，为代数理论研究的进步做出了重大贡献。他被称为"现代代数学之父"，也被称为"现代代数符号之父"。

- 能写成分数的数都是有理数。毕达哥拉斯学派一度认为，所有的数都能用整数或整数的商来表示，即所有的数都是有理数。

- 毕达哥拉斯的学徒希帕索斯指出了无理数的存在——有些数不能表示成两个整数的商。

- 希帕索斯的结局有不同版本。版本一：希帕索斯与毕达哥拉斯一同出海钓鱼，归来时只有毕达哥拉斯；版本二：希帕索斯身缚重石，被毕达哥拉斯学派的门徒强行沉入爱琴海。这是人类历史进程中常出现的黑暗时刻，面对挑战和质疑，有时候人们选择用勇气和智慧应对挑战、解决疑问，而有时候人们选择解决掉提出挑战和质疑的人。

- 毕达哥拉斯学派不仅仅是一个学术学派，它更像是一个秘密的宗教组织。要想进入该学派，必须通过非常难的数学考试，且要经历一系列秘密仪式。加入学派的成员要严格遵守一些"黄金法则"，法则中的有些条款是很正向的，例如鼓励温柔敦厚、俭行勤学。

- 毕达哥拉斯于公元前 500 年左右去世，相传是因为毕达哥拉斯学派与克罗顿当地的居民争辩，产生矛盾，进而被人杀害。毕达哥拉斯在被人追杀时，为豆田所羁，因为学派教旨规定不能进入豆田。于是他被捕并被杀害。

- 中国使用分数的历史也很久远。《左传》规定：诸侯的都城，最大不可超周文王国都的三分之一，中等不可超五分之一，小不可超九分之一。

- 《左传》之《郑伯克段于鄢》中记载：都，不过参国之一；中，五之一；小，九之一。

- 秦历法规定 1 年 =$365\frac{1}{4}$ 天。

———————回头线———————

回味 1：分数线相当于_____。

回味 2：通过花拉子密的遗嘱可知，妻子可继承他遗产的_____。

回味 3：古埃及人喜欢使用单位分数，因此单位分数也被称为_____。

8. 小 数

英国作家伊恩·麦克尤恩的短篇小说《立体几何》中讲述了这样一个故事——

主人公在整理祖父日记的过程中，读到一个数学家的故事。

在国际数学大会上，数学家展示了他的发现——无表面的平面。为了说服各位同行，数学家拿出一张白纸，通过特定位置的剪切，特定角度的折叠，让白纸越来越小，最终把白纸折叠成了一个看不见的点，白纸消失了！

这一发现如若属实，无疑将颠覆人类所认知的现存几何世界。与会人员的情绪与行为变得异常混乱，有愤怒、有斥责、有谩骂、有恐吓……大家不承认刚才数学家所描述的"无表面的平面"的存在，一致认为：在如此严肃的数学大会中，数学家只是在用一个小魔术哗众取宠。

数学家为了进一步证明他的发现，在朋友的帮助下，他将自己的身体按特定角度折叠，又折叠，如做瑜伽一般。最终，在众多同行们的面前，他将自己折叠成了一个看不见的点，消失了！

主人公惊呆，简直不敢相信这一切。但那是事实，因为他的祖父通过分析，得出了折叠的详细方法，并模仿数学家的操作，用实验的方法再一次证明了"无表面的平面"的存在——他的祖父将他的朋友折叠消失了。

后来怎样？后来主人公用他的妻子再一次证明了"无表面的平面"的存在——他那位总爱在他耳边叨叨抱怨的妻子被折叠进了一个看不见的点中……

这个故事当然是杜撰的，数学中不存在这样的点（至少目前不存在这样的点）。但有一个点在数学中是存在的，并且非常重要，那就是小数点。

小数可以看成由 3 个部分构成：整数部分、小数点、小数部分，例如：5.78 由整数部分"5"、小数点"."和小数部分"78"构成。

小数点的写法是"."，虽然它只是小小的一个点，但作用极其强大。若差之毫厘，可致千里之谬，所以，使用小数时千万不可差一"点"呀。

今天的十进制小数系统可追溯到 16 世纪的欧洲，由荷兰技师西蒙·斯蒂文所创建的一系列相应的小数理论所引发。他对小数的定义是这样描述的——

小数是根据十进制的思想，使用普通阿拉伯数字表示的一种数值形式。使用小数后，什么数都可以写出来。在实际事务中出现的计算，可以不用分数，而用整数来进行。

小数理论的发展，受益于参与实际事务的工匠与商人，而不是轻视劳动的贵族阶级。所以西蒙·斯蒂文在他的著作中这样写道："西蒙·斯蒂文向天文学家、测量技师、织物计量师、质量测定技师及商人们致敬。"

——————分割线——————

- 科学家说，宇宙是由一个点膨胀而来的，并且最终又会坍缩成一个点。这个点叫宇宙奇点。

- 根据小数部分的特点，小数可分为有限小数（小数部分写得完）和无限小数（小数部分写不完）。无限小数又可分为无限不循环小数（写不完也没有规律，如圆周率 π）和无限循环小数（写不完但有规律）。无限循环小数又可分为无限纯循环小数和无限混循环小数。

- 分数的历史与整数一样久远，小数的流行则要晚一些。有一种说法：分数的产生源于没有使用计量仪器的测量方法，而小数的产生源于使用计量仪器的测量方法。

- 现在所使用的小数点"."相传是由 17 世纪英国人约翰·威廉斯创造的。当然，还有一些其他说法——一个点的书写方式，最初的书面记录来自 17 世纪 90 年代法国人雅克·奥扎南编写的数学词典。

- 弗朗索瓦·韦达使用了很多方法表示小数，包括：将小数写成上标，在小数下加线，用竖线将小数部分和整数部分分隔并将整数加粗。

- 弗朗索瓦·韦达是第一批用字母代表数的数学家之一，他拓展了代数学的领域，被称为"现代代数符号之父"。他将 π 的值计算到了小数点后第 9 位。

- 小数被西蒙·斯蒂文推广普及，他使用了一个小圆圈代表小数点。此外，斯蒂文还发现：不同质量的物体以同一速度自由下落，最终会同时落地（早于伽利略）。

- 中国历史上第一个将小数的概念用文字表达的是刘徽。他在计算圆周率 π 时用到了尺、寸、分、厘、毫、秒、忽等单位，忽以下统称为微数。

- 中国比欧洲早 300 多年采用小数。

- 塞琉古王朝时代，有的计算能精确到小数点后 17 位。荷兰数学史专家德克·扬·斯特罗伊克这样评价："如此复杂的数字计算不再是为了求解税收或测量的问题，而是为了求解天文学问题或是出于对数学纯粹的爱。"

————————回头线————————

回味 1：小数由 3 个部分构成，即整数部分、＿＿＿＿＿＿、小数部分。

回味 2：向右移动小数点，可将 9.678 扩大为原来的 10 倍，变为＿＿＿＿＿。

回味 3：圆周率 π 属于＿＿＿＿＿＿小数。

9. 黄金分割

大自然的一切是被事先做好规划再发生的，还是先发生了才出现化学、物理、生物等理论解释？这个先后关系似乎像世界上先有鸡还是先有蛋一样难以判断。

下面这个小故事，讲的即是因果关系的混乱问题——

在美国阿拉斯加州北端的一个小镇，有位天气预报员，他通过科学分析得出一个结论：阿拉斯加州将迎来一个非常非常冷的冬天，非常冷！

这个结论被公布在天气预报中，于是人们开始纷纷准备过冬的物资。冬天穿的衣服、火炉用的木柴、食物等被大量采购，导致物资一度被抢购脱销。

天气预报员看到大家疯狂的行为，心里对自己的判断产生了一丝怀疑：万一自己的判断是错的怎么办？

于是，他找到一位声望很高的因纽特巫师。因纽特人对寒冷的天气有很丰富的判断经验，天气预报员想从巫师那儿得到肯定的回复——自己的判断没错，肯定会有一个非常寒冷的冬天。

巫师的回复让他很满意，巫师说："今年的冬天一定非常非常冷！"

天气预报员松了一口气，但本着追根究底的科学探究习惯，他多问了巫师一句："为什么您说今年会有一个非常非常冷的冬天？"

因纽特巫师向他解释："因为我从来没见过族人像今年这样，疯狂地准备过冬用的木柴！"

上面讲的是一个因果混乱的故事，下面也是一个近似于因果混乱的例子。

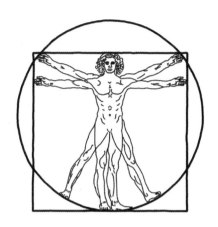

数学中有一个非常有名的比值：黄金分割值——1.618或者0.618（取的都为近似值）。

毕达哥拉斯这样描述过黄金分割值：符合这个比值的事物，会给人一种美感。于是一种说法流行起来：符合黄金分割的事物，具有和谐性和美感。

那么问题来了：美的事物自然符合黄金分割值，还是人们定义了符合黄金分割值的事物具有美感？

一个例子有理由让人质疑黄金分割值与美之间的关系：如果人的肚脐到脚底板的高度与整个身高的比值是0.618，那么按照黄金分割理论，此人应具有最美的身材。但是，学舞蹈的人总是希望自己的腿再长些。人们似乎也觉得，腿越长越好、越长越美，而非越符合黄金分割值越美。

历史的轨迹显示：科学也像时尚一样，具有一定的时效性。今天被追捧的时尚，明天可能会被淘汰和遗忘。科学也一样，今天人们听起来有道理的，明天有可能发现那是偏见和误会，需要被推翻重建。科学宝贵的地方是怀疑一切、探索一切，而不是定性一切。

黄金分割的客观意义值得存疑。

既然是存疑，便不能绝对否定。根据"奥卡姆剃刀"原理，更为简单的解释往往更贴近事实本身。现在黄金分割已在众人的脑海中形成印象，那么姑且就认为，黄金分割与美是有隐秘的关系的吧。

接下来，赶紧找一把卷尺，量一量自己的身材是否符合黄金分割值吧。

———————分割线———————

● 人类对大自然的认知是以经验为基石。那么完全可以存个疑问：这些认知具有绝对的客观性，还是仅仅如《三体》中提到的"农场主理论"那般，具有可怕的局限性？

● 刘慈欣在《三体》中提到的"农场主理论"是这样的。一个农场里有一群火鸡，农场主每天中午11点来给它们喂食。火鸡中的一名科学家观察这个现象，一直观察了近一年都没有例外，于是它也发现了自己宇宙中的伟大定律——每天中午11点会有食物降临。它在感恩节的早晨向火鸡们公布了这个定律，但这天中午11点食物没有降临，农场主进来把它们都捉去烤了。假设我们所处的世界是鸡的世界，我们生存在农场里，那么我们现在的一切理论都是具有局限性的。

● 黄金分割：指将整体分割为两部分，使得整体与较大部分的比值等于较大部分与较小部分的比值。该问题最早由毕达哥拉斯提出，相传是毕达哥拉斯从铁匠的打铁声中产生的灵感。

● 比：数学中的"比"像数学中的"除号"一样，它连接着前后两个数，描述着它们之间的倍数关系。

● 黄金分割值、黄金比率、黄金比例、神的比例，名称很多，但讲的都是同一内容。

● 黄金分割值是一个无理数，经常用大写希腊字母 Φ 的斜体形式表示：$\Phi=\frac{1+\sqrt{5}}{2}\approx1.618$。$\Phi^2=1+\Phi$。

● Φ 是古希腊建筑师菲狄亚斯名字的首字母，他是古希腊雅典帕特农神庙的建筑师。相传，他在帕特农神庙许多地方的设计中使用了黄金分割。需要说明，帕特农神庙最初的尺寸早已不可测得。

● 小写的希腊字母 φ 常被用来表示黄金分割值的倒数：$\varphi=1/\Phi=\Phi-1\approx0.618$。

- 绘制一个边长为 1 的正五边形，那么它对角线的长度为 1.618（近似值）。即正五边形的对角线与边长的比值等于黄金分割值。

- 一个矩形，它的长与宽的比值如果为黄金分割值，那么该矩形将被称为"黄金矩形"。黄金矩形在分割出一个最大的正方形后，余下的部分还是一个黄金矩形。

- 黄金矩形按相同的规律不断分割出正方形后，最终会收敛于一个点，该点被称为"上帝之眼"。

- 黄金分割值与斐波那契数列关系密切。斐波那契数列相邻两项的比值收敛于黄金分割值。斐波那契数列也叫黄金分割数列。

- 法国埃菲尔铁塔第二平台处即一个黄金分割点。

- 维纳斯雕塑（《米洛斯的维纳斯》）的多个部分均符合黄金分割规律。

- iPhone 手机中，界面图标的宽度与两排图标间的距离的比值为黄金分割值。

- 人的正常体温约为 36.5 摄氏度，体温的 0.618 倍约为 22.6 摄氏度。从黄金分割的角度考虑，夏天开空调时，并非把温度调得越低越好。

- 在肯尼亚的吉隆布遗址，出土了上百个石斧，它们大小相异，但长与宽的比相同。或许人类祖先的脑中有一个完美的比例，有人认为这个比例正是古希腊人钟爱的黄金分割比例。

- Φ 对应的角度约是 222.5 度（相当于 0.618 圈），这个角度被称作"黄金角度"。

- 古希腊数学家欧几里得、古罗马工程师维特鲁威、意大利艺术家莱昂纳多·达·芬奇都对黄金分割表现出了兴趣。

- 达·芬奇根据古罗马工程师维特鲁威在《建筑十书》中的描述，绘制了作品《维特鲁威人》。该作品描述了一个男人在同一个位置上的"十字形"与"火字形"姿态。该作品也被称为"卡侬比例""男子比例"，其中蕴藏着黄金分割。

- 德国天文学家开普勒将勾股定理与黄金分割并誉为几何学中的双宝。

——————回头线——————

回味1：黄金分割值经常用希腊字母_____表示。

回味2：黄金分割值通常取近似值_____。

回味3：夏天开空调，你习惯把空调的温度设为_____摄氏度。

10. 周　期

比利·莫瑞主演过一部喜剧电影《土拨鼠之日》，电影中故事的背景及特点是这样的——

菲尔是一个总爱抱怨生活的气象播报员，他不喜欢自己的生活，不喜欢自己的工作，不喜欢周围的人。他不喜欢这日复一日的一切。

一天，他被派到小镇普苏塔尼做现场报道，报道的主角是一只可以预测天气的土拨鼠。而这一天，被称为"土拨鼠之日"。

菲尔在通往小镇的路上就表现出浓浓的厌恶，厌恶去这个小镇做这样的报道。他一刻也不想在这个小镇多待，一旦报道结束，便想马上离开。然而，人不欲留天欲留。一场大风雪阻止了菲尔返程的计划，迫使他不得不返回小镇多待一天。

结果，菲尔第二天醒来时发现：他被卡住了。不是被卡在床缝里，而是被卡在了"土拨鼠之日"这一天。时光仿佛倒流，把他又送回到了"土拨鼠之日"的早晨。这样的时光倒流一直没有结束，菲尔每天早晨6点醒来，而且都是醒在同一天的早晨，他总是要把已经度过的这一天再度过、又度过、又又度过一次。

以一天为周期，日复"同一日"地重复，便是这个电影故事最异于常态的特点……

电影故事的细节及结局如何？再多说怕就剧透了，就此打住为好。有兴趣的朋友可尝试看一看。

以时光倒流为特点的电影还有很多，例如：《哈利·波特与阿兹卡班的囚徒》《明日边缘》《终结者》《前目的地》《回到未来》《黑洞频率》《时空线索》等。

跑题暂停，接下来当言归正传，回到周期的问题……

依次重复出现的现象叫周期现象，具有周期现象的问题即周期问题，与周期有关的问题大到宇宙，小到电子，无穷无尽。

科学中经常涉及周期现象——

俄国化学家门捷列夫于 1869 年发明了用来展示元素的表格——元素周期表。化学中，元素的化学性质具有一定的周期相似性，按照元素的这一特点，可将元素分为几大"族"。

英国物理学家埃德蒙·哈雷利用牛顿万有引力定律成功预测了人类首颗有记录的周期彗星——哈雷彗星。哈雷彗星绕太阳一周的时间约为 76 年，上一次哈雷彗星的回归是在 1986 年。

2017 年诺贝尔生理或医学奖授予了美国遗传学家杰弗里·霍尔、迈克尔·罗斯巴什、迈克尔·杨，以表彰他们在"生物钟"方面的研究成就。

生活中也经常存在周期现象。例如，学校生活：每周 5 天课 +2 天休息；工作生活：朝九晚五、朝九晚六、朝九晚九；休假生活：逛、吃、逛、吃、逛、吃……

——————分割线——————

- 天体运转具有一定的周期性——

  地球的自转周期：23时56分4秒。

  月球绕地球公转的恒星月周期：27.32天。

  地球绕太阳公转的回归年周期：365天5小时48分46秒。

- 玛雅世界末日（2012年12月21日）之说：玛雅人发明了"长历法"，它始自公元前3114年8月11日（玛雅文明的起源时间），终于2012年12月21日（冬至）。这1872000天（5125.37年）是一个轮回，轮完了世界就完了吗？不！只是开始下一个轮回，下一个1872000天。

- 一周有7天，这最早源于古巴比伦。一周为什么有7天？其中一种解释是与天体运转的周期有关，例如一周约为月亮运转周期的四分之一。

- 英语中，一周7天的命名与天体及神的关系密切——

  星期日——太阳日（Sunday）：罗马皇帝君士坦丁大帝将这一天定为合法假日。这一天禁止工作、统一休息，后被推广采用。

  星期一——月亮日（Monday）：太阳与月亮有密切的关系。在希腊神话后期的传说中，作为兄妹俩的阿波罗与阿尔忒弥斯分别被称为太阳神和月亮女神。

  星期二——火星日（Tuesday）：北欧战神提尔之日。提尔只有一只胳膊，他是奥丁和弗丽嘉之子，雷神的兄弟。

  星期三——水星日（Wednesday）：北欧大神奥丁之日。奥丁是雷神托尔的父亲。以身份地位而言，奥丁类似希腊神话中的宙斯。

  星期四——木星日（Thursday）：北欧雷神托尔之日，正是《复仇者联盟》中的雷神托尔。

  星期五——金星日（Friday）：北欧天神天后弗丽嘉之日。她是大神奥丁的妻子，主管婚姻、家庭等，身份等同于希腊神话中的赫拉。

星期六——土星日（Saturday）：罗马农神萨图恩之日。罗马神话中萨图恩是朱庇特的父亲，类似于希腊神话中宙斯的父亲克洛诺斯。

● 历史上朝代的起兴衰亡具有周期性：其兴也勃焉，其亡也忽焉（出自《左传》，意思是"他们的兴盛很迅速，势不可当；灭亡也很迅速，突如其来"）。

● 大地春夏秋冬的轮转具有周期性，且看花儿们的轮转登场——

正月梅花香又香

二月兰花盆里装

三月桃花红十里

四月蔷薇靠短墙

五月石榴红似火

六月荷花满池塘

七月栀子头上戴

八月丹桂满枝黄

九月菊花初开放

十月芙蓉正上妆

十一月水仙供上案

十二月蜡梅雪里香

● 大地万物为什么会春时复苏冬时眠，希腊神话中有这样一个片段——

冥王哈迪斯中了爱神厄洛斯之箭，陷入爱情之中，于是他驾着豪华战车、戴着隐形头盔将珀耳塞福涅掳到了冥界。丢失女儿的农神德墨忒尔伤心难过，导致大地荒芜、万物枯竭。宙斯不忍世间凄凉如是，于是派神的使者赫尔墨斯去冥界接引珀耳塞福涅。哈迪斯在赫尔墨斯到来之前，说服珀耳塞福涅吃下了 4 颗石榴籽，让她答应每年有 4 个月会回到冥界与哈迪斯相聚，剩下的时间与母亲德墨忒尔在一起。这便是人间一年有 4 个月万物枯萎衰竭的原因。

- 生命的生老病死具有周期性，动画电影《狮子王》的主题曲《生生不息》(*Circle of Life*) 即以生命的轮回为主题——from the day we arrive on the planet/ and blinking step into the sun / there's more to see than can ever be seen/ more to do than can ever be done …it's the circle of life…

- 太阳底下没有新鲜事。一切不过是一种早已存在的重复（也不必觉得单调乏味，这只是一种说法，还有另一种积极的说法：世上没有完全相同的两片树叶）。

- 中国的干支纪年法以 60 年为一个周期：第一年为"甲子"年，第二年为"乙丑"年，以此类推，60 年一循环，周而复始。下表为"干支表"。

干 支 表									
1	2	3	4	5	6	7	8	9	10
甲子	乙丑	丙寅	丁卯	戊辰	己巳	庚午	辛未	壬申	癸酉
11	12	13	14	15	16	17	18	19	20
甲戌	乙亥	丙子	丁丑	戊寅	己卯	庚辰	辛巳	壬午	癸未
21	22	23	24	25	26	27	28	29	30
甲申	乙酉	丙戌	丁亥	戊子	己丑	庚寅	辛卯	壬辰	癸巳
31	32	33	34	35	36	37	38	39	40
甲午	乙未	丙申	丁酉	戊戌	己亥	庚子	辛丑	壬寅	癸卯
41	42	43	44	45	46	47	48	49	50
甲辰	乙巳	丙午	丁未	戊申	己酉	庚戌	辛亥	壬子	癸丑
51	52	53	54	55	56	57	58	59	60
甲寅	乙卯	丙辰	丁巳	戊午	己未	庚申	辛酉	壬戌	癸亥

- 最糊弄小孩的周期故事：从前有座山，山里有座庙，庙里有个小和尚，小和尚在听老和尚讲故事，讲的是——从前有座山，山里有座庙……

- 小孩子有一项特殊的本领：喜欢一遍又一遍地听听过的故事，喜欢一遍又一遍地问问过的东西，喜欢一遍又一遍地讲讲过的内容。

———————— 回头线 ————————

回味 1：依次重复出现的现象为＿＿＿＿＿＿＿。

回味 2：地球绕太阳公转，一回归年为＿＿＿＿＿＿天＿＿＿＿＿时

＿＿＿＿＿分＿＿＿＿＿秒。

回味 3：在干支纪年法中，第一年是甲子年，第二年是乙丑年，第三年

是＿＿＿＿＿＿。

11. 斐波那契数列

两分钟后再言归正传，先想一个问题：如何起名字——

有一则笑话是这样的：某人想给自己的孩子取个有水平的名字，于是翻遍四书五经，反复筛选对比，最后终于拟出一个满意的名字——狗蛋。

用现在的流行说法是，一顿操作猛如虎，结果战绩一塌糊涂。

笑话只供一笑，真正取名字时当然要严肃得多。纪晓岚在《阅微草堂笔记》中说："人之爱子，谁不如我！"孩子都是父母的宝贝，配得上宝贝的名字必经过仔细筛选才得以颖脱——名字的选取必有一定的理据。

有的理据是依照传统，例如汉族人的姓名。汉族人起名，姓在前名在后。姓是子承父姓，爷爷姓胡、爸爸姓胡、儿子也姓胡。名通常是一个字或两个字，三国之前以一个字为主，晋朝至现在多用两个字。名字中常用一个字表示辈分，另一个字择优选取。

有的理据是关系家园，例如日本人的姓氏。1870 年以前，姓氏在日本是权势的象征，平民是没有姓氏的，他们只有名。为了便于征兵、征税、制作户籍，日本明治天皇颁布了《平民苗字容许令》，要求所有日本人必须有姓氏。姓氏的选取很多与地名、村名有关：住在山脚下，就以"山下""山本"为姓；住在水田边，就以"田边"为姓；住在岛上，就以"高崎"为姓；住在村子里，就以"冈村""木村"为姓；等等。

有的理据是纪念长辈，例如英文名字。英文名字通常包含 3 个部分：教名、中间名和姓氏。中间名（middle name）通常是为了纪念先辈或父母亲朋中受尊敬者。

科学中，起名字也有一定的规则和传统——使用发现者、发明者的名字来命名他们的研究成果，例如：毕达哥拉斯定理（即勾股定理）、欧几里得几何、欧拉公式、牛顿第二定律、高斯消元法、皮克公式、爱因斯坦方程等。

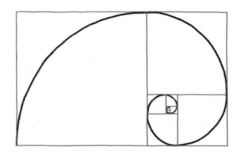

斐波那契数列是根据引入者——意大利数学家斐波那契——的名字命名的。

该数列还有一个常用的"小名"：兔子数列。这个"小名"来自于兔子繁殖的数量特点——

假设刚出生的小兔子一个月后便可长大成为大兔子，大兔子再过一个月便可生下新的小兔子，而且一对大兔子每月只生一对小兔子。

第一个月如果有1对小兔子，第二个月就会有1对大兔子，第三个月就会有2对兔子（1对原来的大兔子，外加大兔子新生的1对小兔子），第三个月就会有3对兔子（1对原来的大兔子，1对由小兔子成熟而来的大兔子，1对原来的大兔子生下的小兔子）……

以此类推，兔子的数量就构成斐波那契数列：1、1、2、3、5、8、13、…。

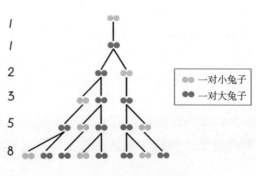

斐波那契数列的特点：从它的第 3 项开始，每一项都是其前面两项的和。用数学公式表达即 $a_n=a_{n-1}+a_{n-2}$。

斐波那契数列与早年间毕达哥拉斯提出的黄金分割关系密切。黄金分割与大自然中诸多现象的匹配十分契合，其神秘性与广泛性引起了科学家、艺术家们的密切关注。例如：文艺复兴时期意大利的著名艺术家、博学家莱昂纳多·达·芬奇即对黄金分割表现出了兴趣。

插播一个小片段：斐波那契的真名也是"莱昂纳多"——斐波那契源于他父亲的外号"波那契"。为了与文艺复兴时期的达·芬奇作区分，斐波那契常被称为"比萨的莱昂纳多"。

未来，世界上肯定还会有更多以名字命名的定理、公式、定律。这些名字，有一些现在肯定正躺在小学数学老师的点名册上吧。

———————— 分割线 ————————

- 斐波那契（1175—1250），意大利数学家。他父亲的外号叫"波那契"，斐波那契是波那契之子的意思。斐波那契年轻时曾随父亲前往地中海一带，在那里学习了阿拉伯数学。1202 年，27 岁的他著成《算经》（也译作《算盘书》《计算之书》）一书。该书系统地介绍了阿拉伯数字和十进制，并介绍了如何使用加减乘除计算和解题。

- 《算经》中提到了"百钱买百鸡"问题。该问题由公元 5 世纪的中国北魏数学家张邱建提出。此或可作为中国数学传入阿拉伯国家的证据之一。

- 斐波那契在其著作《算经》中提到了"兔子问题"，兔子问题涉及该数列，后人遂将该数列命名为"斐波那契数列"。

- 16 世纪，意大利数学家卡尔达诺说："所有我们掌握的希腊以外的数学知识，都是由于斐波那契的出现而得到的。"

- 斐波那契数列也叫黄金分割数列，因为数列中相邻两项的比值趋于黄金分割值（其近似值为 1.618）。

- 毕达哥拉斯学派的标志是五芒星，该图形中存在黄金分割现象——正五边形的对角线与边长的比为黄金分割值。正五边形对角线的交点也为相应线段上的黄金分割点。

- 0 不是斐波那契数列的第一项，而是它的第零项。

- 在斐波那契数列中，任一项的平方＝相邻两项的积 ±1；任意相邻的 4 项中，中间两项的积＝两边两项的积 ±1。

- 斐波那契数列的个位每 60 项为一个循环。

- 蜜蜂的每一代都有斐波那契数个祖先：每只雄蜂只有一个雌性上一代，而每一只雌蜂则有两个上一代（一只雄蜂和一只雌蜂）。

- 鲁德维格定律：一棵树各个年份的枝丫数都为斐波那契数。

- 野玫瑰、大波斯菊、百合花、蝴蝶花的花瓣数目是斐波那契数。

- 斐波那契螺旋（也叫黄金螺旋）是根据斐波那契数列绘制的螺旋曲线。蜗牛壳的螺纹、向日葵花盘上的曲线、松果上的曲线、飓风云图、银河都映射出了斐波那契螺旋。

- 帕多瓦数列：1、1、1、2、2、3、4、5、7、9、…，它的规律类似斐波那契数列，是 $a_n=a_{n-2}+a_{n-3}$。

- "斐波那契汤"喝过吗？今天的汤＝昨天的汤＋前天的汤。

- "斐波那契作业"应该做过吧？今天的作业＝昨天剩下的作业＋前天剩下的作业。

————————回头线————————

回味 1：数学家斐波那契来自＿＿＿＿＿＿＿（国家）。

回味 2：斐波那契数列又常被叫作＿＿＿＿＿＿。

回味 3：有没有做过斐波那契作业：＿＿＿＿＿＿（做过／没有做过）。

12. 等差数列

古话说：松柏生来便有参天之势，虎豹幼时便有食牛气概。有些小孩子，如松如柏，如虎如豹，小时候便光芒四射，所向披靡——

陈塘关有一总兵，名叫李靖，其夫人孕有一子，怀胎三年又六月，迟迟未生。一夜，李夫人腹痛分娩，侍者报李靖：生一妖精。李靖大惊，执剑入室，但见红光满地，有一肉球滴溜溜圆转如轮。李靖持剑砍之，划然有声。肉球崩裂，跳出一孩，面如傅粉，落地即跑。

见他右手戴金镯，闪闪灿灿，此乃乾坤圈。肚腹围红绫，金光射眼，此乃混天绫。此娃是谁，正是哪吒。

哪吒 7 岁游海戏水，手持混天绫水中玩摆，搅得东海水晶宫摇晃颠荡。龙王三太子出海理论，一言不合，两相出手，哪吒手抛乾坤圈，致龙太子身败命丧。游戏水罢，登楼纳凉，见有一弓三箭，弓乃乾坤弓，箭乃震天箭，为轩辕黄帝破蚩尤时所用，皆属神兵仙器，重若雷神之锤。哪吒到，执弓箭如覆手掌。他拉弓如圆月，搭箭射西南，但听一声响，红光缭绕，瑞彩盘旋，奔去千里之外——又闯一祸。

年幼的哪吒，出手秒灭东海之子，膂力可平轩辕大帝。世界那么大，却好像没能为哪吒初试拳脚准备好舞台。

天赋异禀者稍稍舒展筋骨即可打破常态规矩，接下来的节奏不是世界用流量把他们磨得平凡，而是世界依着他们的棱角调整模样。天才，每出现一位，就会为世界带来一阵异彩，造就一场繁华。

出手即震动天地，是"松柏虎豹"之人的雷厉作风。此篇牛人，生来亦如松柏虎豹，出手即震动了数学天地——

他3岁时，指出并纠正了父亲账目上的错误。

他10岁时，数学老师给班里的孩子们出了一道数学题：$1+2+3+\cdots+100=$？他在很短的时间内算出了结果5050，用的是倒序相加法——1与100配对凑101，2与99配对凑101，……，50与51配对凑101。

他19岁时，证明了正十七边形的尺规作图法，这是一个悬置了2000年而未解的数学难题。

这个德国小孩便是"数学王子"高斯，史上最伟大的数学家之一——甚至可以去掉"之一"二字。

一般的学者，密集创作或取得科研成果的年龄在年轻时段；而高斯，初出茅庐技艺便已炉火纯青，且在之后的50年里一直保持着这样的高水准，在数学领域的各个分支几乎都做出了开创性的工作。

数学深似海，深处的数学理论此处不予讨论，只取一瓢"等差数列"简单说一说。

①定义：形如1、2、3、4、…，从第二项起，每一项与其前一项的

差相同，这样的数列叫等差数列。这个差叫公差。

②求和：等差数列求和时，常用高斯提到的倒序相加法。其中"配对"的想法，在数学的其他问题中也经常用到，例如，计算中配对凑整，数论中配对枚举因数，计数中使用配对实现对应，等等。

③余数：等差数列是一个同余数列——模公差同余，即它的每一项除以公差的余数都相等。

④对称性：项的次序的和相等，则两项的和也相等。

⑤可乘、可加、可减：将等差数列的每一项同时乘同一个数，结果仍是等差数列；将两个等差数列的每一项对应相加，结果仍是等差数列；将两个等差数列的每一项对应相减，结果仍是等差数列。

⑥可跳：项的次序呈等差数列的项，构成的数列仍是等差数列。

⑦可分组：按顺序将等差数列打包分组，使每组所含项数相同，则各组的和仍构成等差数列。

⑧单调性：等差数列或者递增，或者递减——当公差为 0 时，等差数列是一个常数数列。

等差数列在生活中的应用很多，有兴趣的同学可以想想：如何利用等差数列来估算一卷手纸展开后的长度。

————分割线————

● 等差数列求和也叫高斯求和，常用的公式：和 =（首项 + 末项）× 项数 ÷2。

● 高斯在进行职业选择时，曾在语言学家和数学家的选项中犹豫徘徊。因为恰好解决了正十七边形的尺规作图问题，他最终选择了研究数学。

● 高斯教授厌恶教学。

- 高斯最出色的学生是大数学家波恩哈德·黎曼。

- 黎曼猜想，1859年由黎曼提出，被认为是数学史上最伟大的猜想。

- 我们的世界里，年龄是一个等差数列：涵涵和雯雯今年6岁了，明年就会7岁，后年就会8岁。

- 当然，年龄的记录方法也有可能存在其他规则，不一定必须是等差数列。说不定某个星球上的外星人记录年龄的方式是今年12岁，明年9岁，后年81岁……

- 在化学元素周期表中，化学元素是按质子数递增的次序排列的，这个序列中，每种元素的原子都比它前一元素的原子多一个电子。这是微观世界里的等差数列。

- 100个人参加会议，如果每两个人握一次手，那么握手的总次数是 $0+1+2+\cdots+99=4950$。相当于构造如下模型：第一个人进入空房间，没人与他握手；第二个人进入房间，与第一个人握一次手；第三个人进入房间，与前两个人握两次手；以此类推。

- 2004年，格林与华人陶哲轩合作证明：存在任意长度（项数可以是任意值）的素数等差数列。

- 素数等差数列：由素数构成的等差数列。素数指的是只能被1和它本身两个数整除的整数。

- 高斯研究过素数分布的问题。他与勒让德提出了"素数定理猜想"，该猜想被证明后成为素数定理。

- 黎曼猜想的内容也与素数分布有关。

- "史上最伟大的数学家"这一说法有很多种版本，其中一个"史上最伟大的4位数学家"版本，指的是阿基米德、牛顿、欧拉、高斯。

- 高斯分布（即正态分布、常态分布）是一个非常重要的概率分布。高斯率先将其应用于天文学研究上。

- 德国10马克的纸币上印的是高斯的头像。

——　——　——回头线——　——　——

回味 1：把 1~100 这 100 个自然数加在一起，总和为_____。

回味 2：整数的"数字和"为构成该整数的数字之和，例如 23 由数字 2 和 3 构成，其数字和为 2+3=5。把 1~100 这 100 个自然数的"数字和"加在一起，总和为_____。

回味 3：等差数列求和的公式是_____。

13. 等比数列

可以向父母、哥哥、姐姐们验证一个神奇的现象：同龄的人，不论来自中国的哪个地方，小时候玩过的玩具、做过的游戏、流行过的顺口溜几乎都是一样的。

暂且称它"童年游戏一致性现象"。这个现象或可用数学中的"等比数列"解释——

微软公司的研究人员曾做过一个实验，实验对象是 2.4 亿 MSN（一种类似于 QQ 的网络沟通软件）的使用者。他们过滤了使用者在 2006 年 1 月份的 MSN 信息，通过对比这 300 亿条信息发现：任何使用者，只要通过平均 6.6 个人，就可以和全数据库中的任何一个人产生关联。

Facebook 公司的研究也得出过相似的结论。他们研究了 2012 年一个月内访问 Facebook 的 7.21 亿（这个数量超过了全世界人口的 10%）活跃用户，发现任何两个独立的人之间，平均所间隔的人数为 4.74 个。

这些实验得出类似的结论，它们的理论依据是六度分隔理论。

六度分隔理论的内容是，任何两个陌生人之间，所间隔的人不超过 6 个。也就是说，最多通过 6 个人，你就可以认识世界上任何一个陌生人。

这一理论的数学依据便是等比数列。

简单解释如下。假设每个人认识 260 人，每个人在听到认识的人喊"你好"后，会对他认识的所有人喊一声"你好"。那么发起者喊出 1 声"你好"后，第一轮会产生 260 声"你好"，第二轮会产生 260×260 声"你好"，第三轮会产生 $260 \times 260 \times 260$ 声"你好"，……，第六轮会产生 260^6 声"你好"。这时数量已超过 300 万亿，即便忽略重复，也远远超过地球的总人口数，足以让地球上的任何一个人听到源自发起者的这个信息——你好。

虽然这个数学解释有些粗糙，但用小学的知识就能解释为什么同龄人童年的记忆总是相似的，为什么网络流行语可以瞬间风靡全国，为什么公众号文章短时间内可以有 10 万多的阅读量——已经算很厉害了吧。

所以，即使不考虑偶遇，在广场上玩旱冰的小男孩与美国导演昆汀·塔伦蒂诺也只是隔着并不遥远的距离。

简单介绍等比数列。

等比数列：从第二项起，每一项与其前一项的比值（商）相同的数列。这个相同的比值叫公比。例如：2、4、8、16、32、64、…就是一个等比数列。该数列的公比为 2。

等差数列在求和时用到了倒序相加法，等比数列求和也有一个很好的方法——错位相减法。

举个例子，使用错位相减法对已知等比数列求和：$2+6+18+54+162=?$

该等比数列的公比为 3，令 $S=2+6+18+54+162$，则 $3S=6+18+54+162+486$，$3S-S=(6+18+54+162+486)-(2+6+18+54+162)$，经错位相减——前括号中的第 1 项减去后括号中的第 2 项，前括号中的第 2 项减去后括号中的第 3 项……依次错位对应相减，得 $2S=486-2$，$S=242$。

用错位相减法解决等比数列的求和问题很方便，不止于此，解决具有等比特征的组合数列问题也同样方便。再举个例子，使用错位相减法对如下数列求和：$\frac{1}{2}+\frac{2}{4}+\frac{3}{8}+\frac{4}{16}=?$

该数列中分数的分子为等差数列，分母为等比数列，令 $S=\frac{1}{2}+\frac{2}{4}+\frac{3}{8}+\frac{4}{16}$，则 $2S=\frac{1}{1}+\frac{2}{2}+\frac{3}{4}+\frac{4}{8}$，$2S-S=\left(\frac{1}{1}+\frac{2}{2}+\frac{3}{4}+\frac{4}{8}\right)-\left(\frac{1}{2}+\frac{2}{4}+\frac{3}{8}+\frac{4}{16}\right)$，同样错位相减（分母相同的项对应相减），易求得和 $S=\frac{13}{8}$。

以上是简单示例，直接计算当然更容易，但当项数很多时，使用错位相减法会比直接计算轻松些。

等比数列有很多用处：当等比数列的首项为 1、公比为 2 时，该等比数列就与二进制建立起了密切的关系；当等比数列的公比为 1/2 时，可以聊聊芝诺二分悖论；当等比数列的首项与公比相等时，该等比数列便与指数的相关内容产生了交集。

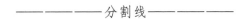
————————分割线————————

- 关于"童年游戏一致性现象"，还有一种让人不那么兴奋的解释：童年所玩项目实在有限，不过就是在封闭区域内哥哥教弟弟、姐姐教妹妹、高年级教低年级，然后各种游戏一遍遍地循环流行，让童年时期的每个人都经历一遍，根本涉及不到游戏项目在全国范围内快速传播，同步流行。

- 六度分隔理论：1967 年，哈佛大学心理学教授斯坦利·米尔格拉姆做了一个实验，他将 160 封相同的信交给陌生人，信封上没有写收信人的地址，只有收信人的姓名，结果发现：大部分信件都寄到了收信人的手中，每封信平均被转手 6.2 次。

- 每个人为什么会平均认识 260 人呢？这可能与统计数据有关。相似的统计数据还有"150 人定律"。

- 150 人定律：人类智力允许人类拥有稳定社交网络的人数是 148 人，四舍五入为 150 人。该理论由英国牛津大学的人类学家罗宾·邓巴在 20 世纪 90 年代提出，因此该理论也被称为"邓巴数字""邓巴数理论"。

- 关于等比数列的另一个故事：印度的舍罕王打算重赏国际象棋的发明人西萨·班·达依尔。这位发明者的要求是在棋盘的第 1 个小格内放 1 粒小麦，在第 2 个小格内放 2 粒小麦，在第 3 个小格内放 4 粒小麦，在第 4 个小格内放 8 粒小麦，以此类推，每一个小格中小麦的粒数都是它前一个小格中数量的 2 倍，他只要棋盘上的小麦即可。国王发现自己竟然给不起，因为这个数量相当于全世界在 2000 年内所生产的全部小麦的量。

- 相传，"棋盘麦粒故事"的结局是，国王满足了西萨·班·达依尔的要求，但前提是命他自己数出这些麦粒。棋盘发明者放弃了他的奖赏，因为他活不了那么久——假如一秒数一粒，数完这些麦粒需要 5800 亿年。

- 常听到的一个励志故事是，每天多努力一点，一年的进步会很惊人，理论依据是 $1.01^{365} \approx 37.783$。常听到的另一个相对的故事是，每天偷懒一点，一年的退步也会很惊人，理论依据是 $0.99^{365} \approx 0.026$。

- 埃利亚的芝诺编制了 40 个悖论，但只有屈指可数的几个保留至今，其关于运动的悖论原稿也没有保存下来，后人对它的了解是通过亚里士多德的著作。

- 芝诺洞察到了连续系统和离散系统的不同，有人认为芝诺的二分悖论高度预示了牛顿与莱布尼茨的微积分。数世纪后，牛顿与莱布尼茨明白了，瞬时速度可以由一小段距离的平均速度的极限计算。

- 指数运算的内容十分丰富，从科学计数法、勾股定理到费马大定理、最美丽的欧拉公式 $e^{i\pi}+1=0$，举例不尽。

——————回头线——————

回味 1：找规律，补充数列 5、25、125、625、＿＿＿＿＿＿。

回味 2：在等比数列中，后一项与前一项的比值叫＿＿＿＿＿＿。

回味 3：2 的 10 次方等于＿＿＿＿＿＿。

14. 卡特兰数列

计算机科学与数学的关系特别密切，很多互联网公司在招聘的测试中都会涉及一些数学题目，例如微软公司曾出过这样一题——

有 1000 瓶药，其中 1 瓶装有毒药，其他 999 瓶无害。现用小白鼠试药，那么最少需要多少只小白鼠，才能在 24 小时内找到装有毒药的药瓶？

已知：该 1000 瓶药及药瓶的外观完全一样，服用毒药的小白鼠 24 小时内必死亡，每只小白鼠每次服用的药量没有限制（即每只小白鼠最多只可服药一次，但服药的数量不限）。

这道数学题如果用十进制的想法分析，并不顺利。如果换用二进制分析，则比较容易解答。解答过程可以是——

第一步，使用二进制给每个药瓶编号。这 1000 瓶药的编号至多需要 10 位，它们的编号可分别记为：$(0000000001)_2$、$(0000000010)_2$、$(0000000011)_2$、…、$(1111101000)_2$。

第二步，给小白鼠喂药。

编号右边第 1 位为 1 的所有药喂给第 1 只小白鼠；

编号右边第 2 位为 1 的所有药喂给第 2 只小白鼠；

…………

编号右边第 10 位为 1 的所有药喂给第 10 只小白鼠。

第三步，分析。

若第 1 只小白鼠被毒死，说明毒药瓶的编号中，右边的第 1 位为 1。

若小白鼠没被毒死，说明毒药瓶的编号中，右边的第 1 位为 0。

若第 2 只小白鼠被毒死，说明毒药瓶的编号中，右边的第 2 位为 1。若小白鼠没被毒死，说明毒药瓶的编号中，右边的第 2 位为 0。

…………

若第 10 只小白鼠被毒死，说明毒药瓶的编号中，右边的第 10 位为 1。若小白鼠没被毒死，说明毒药瓶的编号中，右边的第 10 位为 0。

最后得出结论：需要 10 只小白鼠即可——通过 10 只小白鼠的存活情况，可分析出毒药瓶的 10 位编号，从而找到装有毒药的药瓶。

问题得解。

计算机领域涉及的数学内容当然不只二进制。常出现在计数问题中的卡特兰数列（也称卡塔兰数列）与计算机领域的关系也很密切。例如，一个栈的进栈序列为 1、2、3、…、n，卡特兰数列的第 n 项可用来表示它所有不同的出栈序列的总数量。

刚刚开始的戏已经要收场了，用卡特兰数列的简介来谢幕吧。

卡特兰数列是利用递推关系总结出的数列，它的前几项为 1、1、2、5、

14、42、132、…，它的通项公式为 $C_n = \dfrac{(2n)!}{n!(n+1)!}$，即 $C_0=1$、$C_1=1$、$C_2=2$、$C_3=5$、$C_4=14$、…。

　　举个数学中应用卡特兰数列的小例子——

　　一天，老板按顺序将 A、B、C、D、E 5 封信交给秘书，每次 1 封，请秘书帮忙打印。秘书收到信后将它们叠放在桌子上，打印时，每次先选放在最上面的信。请问：秘书打印这 5 封信的顺序共有多少种可能？

　　如果秘书手速特别快，来一封打印一封，则打印的顺序可以是 A、B、C、D、E。如果秘书喜欢等活全齐了再开工，则打印的顺序可以是 E、D、C、B、A。这是两种极端情况，当然还有其他情况：秘书一边接收信，一边打印，这样可能的顺序就多了。

　　使用卡特兰数列可直接得到答案：$C_5=42$，即共有 42 种可能的打印顺序。

　　问题得解。

　　小学生解决这类问题时，除了使用卡特兰数列，枚举法和标数法也常被选择使用。

　　比尔·盖茨说，很多著名的计算机专家都有深厚的数学功底。数学与计算机领域的关系由此可见一斑。可以推测：将来计算机领域的大神现在就潜伏在热爱数学的小达人中啊。

————————分割线————————

● 卡特兰数列：以比利时数学家欧仁·查理·卡特兰（1814—1894）命名。

● 卡特兰猜想：方程 $X^m - Y^n = 1$ 有且只有一组皆不为 1 的正整数解——$X=3$，

Y=2，m=2，n=3。所以，该猜想又名"8-9"猜想。

● 2002 年 4 月，罗马尼亚数学家普雷达·米哈伊列斯库证明了卡特兰猜想。

● 1738 年，欧拉解出了方程 $X^2-Y^3=1$，并证明了该方程唯一的正整数解是 X=3，Y=2。

● 费马大定理的形式与卡特兰猜想的形式很像：当 $n>2$ 时，关于 X、Y、Z 的方程 $X^n+Y^n=Z^n$ 没有正整数解。

● 皮莱猜想：把卡特兰猜想一般化，推测正整数的幂之间的差趋向于无穷大，即对任何正整数，仅有有限多对正整数的幂的差是这个数。

● 卡特兰数列的第 n 项可用来表示：通过连接顶点，将（n+2）边凸多边形分成三角形的分法的数量。例如：利用对角线将正五边形分成三角形，共有 C_3=5 种分法。

● 卡特兰数列的第 n 项可用来表示：在圆上选择 $2n$ 个点，每个点使用一次，连成 n 条线段，且使 n 条线段互不相交的连法的数量。例如：在圆上选 6 个点，每个点使用一次，连成 3 条线段，且这 3 条线段互不相交，共有 C_3=5 种连法。

● 卡特兰数列的第 n 项可用来表示：$2n$ 个高矮不同的人站成两排，要求后排比前排对应的人高，且每排从左到右越来越高的所有的排列方法的数量。例如：10 个高矮不同的人站成两排，后排比前排对应的人高，且每排从左到右越来越高，共有 C_5=42 种站法。

● 卡特兰数列的第 n 项可用来表示：公园票价为 1 元，售票员没有零钱，$2n$ 个人去公园买票（其中 n 个人持 1 元，n 个人持 2 元），全部顺利买到票的方法的数量。例如：公园票价为 5 元，10 个完全一样的人去买票，其中 5 人持 5 元现金、5 人持 10 元现金，售票员完全没有零钱，则 10 人顺利买票成功的顺序共有 C_5=42 种可能。

● 卡特兰数列的第 n 项可用来表示：从 $n×n$ 的方格表的对角线的一个角出发，沿格线走到对角线的另一个角，其间不跨越对角线，所选路径的总方法数。例如：在 5×5 的方格表中，沿格线从对角线的一角走到对角线的另一角，其间不跨越对角线，所选路径的总方法数为 C_5=42 种。

● 关于信件的另一道题目：将 5 封信装入写好姓名的相应 5 个信封中，那么 5

封信全部装错的情况共有多少种？这属于全错排问题，递推法是其中的一条解决途径，递推公式为 $D_n=(n-1)(D_{n-1}+D_{n-2})(n \geq 3)$，则 5 封信全错排的可能共有 $D_5=44$ 种。

● 清代数学家明安图在《割圆密率捷法》中使用了卡特兰数，该记录较卡特兰数列的命名更早。

———————— 回头线 ————————

回味 1：卡特兰数列的第 5 项为_____。

回味 2：卡特兰猜想又名_____。

回味 3：清代数学家_____在《割圆密率捷法》中使用了卡特兰数。

15. 杨辉三角

喜欢阅读的同学很容易阅读成瘾，总能从一本书中看到另一本书的影子，以致"读读不休"。众书间所存在的关联性是维持连续阅读的重要力量。

有人说学习的乐趣在于知识的关联性，有一定道理。现代人喜欢的多任务处理、流行的斜杠概念（一人身兼多重身份、拥有多项技能），与关联性带来的趣味性是很有关系的吧。

科学中，相关联的神奇事也很多——

①英国数学家、物理学家牛顿与德国数学家莱布尼茨各自独立地发明了微积分。

②英国博物学家达尔文与华莱士在相同的时间各自提出了进化论的观点。

③德国数学家莫比乌斯和德国另一位数学家利斯廷同时在1858年各自发现了莫比乌斯带。

④中国周朝的商高与古希腊数学家、哲学家毕达哥拉斯都得出了勾股定理的结论。

⑤中国宋朝的贾宪、杨辉与德国数学家帕斯卡、印度思想家平伽拉都研究出了杨辉三角。

上述事件中，研究方向与研究成果的一致性，甚至是同时性，让人忍不住佩叹巧合之力的强大。当然，其中必然有一定的客观逻辑，绝非仅是巧合使然。

这些大的方面先搁置暂停，说说细微问题中体现关联性的例子——

电视台的某个科学频道提出过一个问题：如何轻松地推倒一面墙？

方法当然有很多。

暴力点儿的可以使用手榴弹、导弹，这样不仅可以推倒一面墙，连同整个电视台都可以推倒。

玄幻点儿的可以请一个人站在墙前哭，墙或许会因为害羞或感动自己倒塌。中国神话故事中的孟姜女就干过这样的事。

有趣且成功了的一种真实操作是使用多米诺骨牌。

多米诺骨牌型号不同，由小到大顺次排列。只要轻轻推倒第一块，由于它们彼此关联，其他的便依次倾倒，最终可成功推倒目标墙。

多米诺骨牌利用的便是事物之间的关联性，关联性常常可见。在数学中，等差数列、等比数列、周期数列、斐波那契数列，它们的项与项之间都存在密切的关联性，只要写出前面若干项，根据关联性，便可以补充出无限多项。

有些数表，项与项之间也存在着密切的关联性，只要写出某几项，便可推写出一张大大的数表，例如：杨辉三角。

```
            1            第 0 行

          1   1          第 1 行

        1   2   1        第 2 行

      1   3   3   1      第 3 行

    1   4   6   4   1    第 4 行
```

这个数表的特点是每行两端的数为 1，每行中间的数等于它上一行"肩膀处"两数的和。

它的漂亮之处还有很多——

数表左右具有对称性；

每行的数即 $(a+b)^n$ 的展开式中各项的系数；

每行中数的和为 2 的若干次幂；

每行的数按从左到右顺序构成一个数（超过 1 位数当向左进位），可得到公比为 11 的等比数列；

稍倾斜的行求和，可得到斐波那契数列；

从右上到左下的斜列中，第二斜列为自然数数列；

从右上到左下的斜列中，第三斜列为三角形数数列；

贾宪还把这个三角形用于开方根的计算，并取得了意想不到的效果，这个方法被称为"增乘开方法"。

关联力之大，有种半个小世界都围绕着杨辉三角旋转的宇宙枢纽感呀！

——————分割线——————

- 杨辉三角也称贾宪三角。杨辉在他的《详解九章算法》中记载了贾宪的高次开方法。这个方法以一张"开方作法本源图"为基础，它是一张二项式展开系数表，即"杨辉三角"或"贾宪三角"。

- 杨辉三角在外国被称为"帕斯卡三角"。此外，波斯人卡拉奇在10世纪时画出过这个三角形的一个版本；在意大利，它也被称为"塔尔塔利亚三角"。

- 杨辉利用"垛积法"导出了正四棱台的体积计算公式。

- 4000年前的古埃及数学文献《莫斯科纸草书》中记载了埃及人得到的正四棱台体积公式：$V=\dfrac{1}{3}h\left(a^2+ab+b^2\right)$。

- 杨辉喜欢研究幻方，他称十阶幻方为"百子图"。

- 在欧洲，幻方的发现和研究要晚很多，但有一个著名的四阶幻方出现在德国版画家丢勒的名作《忧郁》中。

- 杨辉在中国率先提出了素数的概念，并找出了从200至300之间的全部16个素数。

- 《几何原本》不仅涉及几何，其第九章的一节是关于数论的，其中的核心就是素数。欧几里得不是第一个研究素数的人，但素数在数学中的核心地位是在欧几里得的书中确立的。

- 帕斯卡经常与哲学家笛卡儿争吵"真空"是否存在的问题，这使得帕斯卡写出了流体力学方面的书。现在物理学中，压强的单位即以他的名字命名：帕斯卡，简称"帕"，符号为Pa。

- 帕斯卡与费马在通信中讨论了赌金分配的问题，确立了概率论的原则。

- 帕斯卡16岁时提出了帕斯卡定理（帕斯卡的神秘六边形）——连接一条圆锥曲线（一个平面和一个圆锥相交形成的曲线）上的6个点，可以得到一个六边形，其3组对边的交点处于同一直线上。

- 帕斯卡19岁那年，为帮助父亲解决税务上的计算问题，制造出了人类史上第一台机械计算器：齿轮加法计算器。后来莱布尼茨做了改进，制造出了第一台可以进行乘除和开方运算的计算器。

● 莱布尼茨三角：类似于杨辉三角，但每个数由它下面的两个分数相加得到。

$$1$$

$$1/2 \qquad 1/2$$

$$1/3 \qquad 1/6 \qquad 1/3$$

$$1/4 \qquad 1/12 \qquad 1/12 \qquad 1/4$$

● 如果把杨辉三角内的偶数用点表示，奇数用空格表示，结果将呈现一个极为复杂、以不同大小重复出现相同模式的分形图案。

● 利用杨辉三角求 18 的算术平方根的近似值。根据杨辉三角可写出 $(a+b)^2 = a^2 + 2ab + b^2$，若 a 远大于 b，则 $a^2 + 2ab \approx (a+b)^2$。已知 $18 = 4^2 + 2$，将 $4^2 + 2$ 与 $a^2 + 2ab$ 对应比较可知，$a = 4$，$b = 0.25$，则 $18 = 4^2 + 2 \approx (4 + 0.25)^2$，即 18 的算术平方根约为 4.25。

——————回头线——————

回味 1：杨辉三角在中国也称_____。

回味 2：在杨辉三角中，从第 1 行开始，每行两端的数都为_____。

回味 3：压强的单位为_____，简称_____，符号为_____。

小思维

2

16. 还原

《格林童话》中满是想象力丰富的经典童话故事，其中一则很适合借以开篇。 这一则像其他许多有趣的故事一样，也始于具有魔法的两个字：从前——

从前，有片一望无尽的森林，在森林的边缘，有座远远看去无限温馨的小木屋，小木屋里住着一家四口：爸爸、继母、哥哥、妹妹。

故事有一个美好的开端，但接下来的内容与"温馨"二字毫无关系。夜里继母对爸爸说着悄悄话："把两个孩子扔到森林深处吧，否则我们都会被饿死的。"优柔寡断的糊涂爸爸被心肠狠毒的继母说服，决定天亮后按她的计划执行。

这一切恰被窗外的哥哥听到。聪明的孩子在危险时刻不会只是悲伤，会用自己的智慧做出理性的判断，为即将发生的一切做好充分的准备。

哥哥的做法是，来到院子中，趁着月光，收集了很多发光的小石子。

第二天，爸爸带着兄妹俩向着森林的深处走去。在离家足够远的陌生处，爸爸用谎言欺骗了孩子们，将兄妹俩丢弃到了陌生的黑暗森林中，自己独自返回了小木屋。

怎么办呢？饥饿、寒冷、野兽正与恐惧一起慢慢地向兄妹俩靠近……

有办法，哥哥有办法！当爸爸带着他们向着森林深处行进时，哥哥走在后面，一边走一边扔昨晚准备好的小石子。

于是，借着月光下闪闪发亮的小石子的指引，兄妹俩从森林深处一路摸索，又返回到了他们的出发点——小木屋。

这则故事——《韩塞尔与葛雷特》——远远没有结束。

后来兄妹俩再次被抛弃，哥哥仍仿前例，沿途悄悄放了一些东西当作路标，但这次他用的不是闪闪发光的小石子而是面包屑，正因如此，他们迷失在了森林中，因为面包屑被小鸟们尾随吃掉了。再后来，他们遇到了一座用糖果制作的小屋……

故事虽没结束，作为开篇的引子却已完成了它的使命——引出"还原""逆推"之意。

在数学中，知道"结果"反求"初始条件"的问题被称为还原问题，这类问题通常利用逆推法解决——像兄妹俩返家一样，从结果出发，逐步还原逆推，返回到出发的地方。

还原，这种知果索因的数学思想与操作非常重要，在具体的数学问题中经常可见。随手枚举一些，它们不会少于月光下闪闪发光的小石子的数量——

计算：我们学过加法后，又学习减法，减法即加法的逆运算。知道"和"与其中"一个加数"，反求"另一个加数"时，可以借助加法的逆运算——减法。这种逆向操作用到的便是还原的思想。

方程：解方程的过程就是一个逆推还原的过程。

数字谜：知道不完整的竖式或横式信息，推理还原，求出初始时式子完整的样子。

智巧趣题：普通三阶魔方的玩法——从混乱的状态出发，通过扭转变形，将其还原到初始时每面一色的状态。

大自然中也有这样的例子。蚂蚁出巢觅食时，会沿途释放信息素，对行走过的路径进行标注。这样，即使走过曲折的长途到达遥远的地方，蚂蚁们也仍能依靠自己的力量返回它们各自的小窝。

格林童话中哥哥想到的返家方法，是否受了蚂蚁返巢的启发呢？

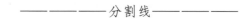
——————分割线——————

- 童话故事最初是成人的娱乐，直到 19 世纪，才变为儿童文学。格林兄弟在搜集整理民俗故事的过程中，删除和修改了一些母亲可能无法接受的故事，使之更适宜儿童阅读。

- 《格林童话》中没有任何故事是由威廉·格林与雅各布·格林所原创，它们皆源自德国、法国、意大利等国家流传的故事。

- 《安徒生童话》更为柔和，但悲伤的情节太多。《格林童话》略有凶狠，但总有幸福的结局，它一直遵循以眼还眼、以牙还牙的原则，在战斗中引导读者认知是非善恶，在结局中强化勇气与责任——每个人最终都必须为自己的行为付出相应的代价。

- 与希腊神话不同，童话中男性角色总显得微不足道。童话故事多以女性为主，因为女性在激发儿童自我发展的过程中扮演着关键角色。

- 逆推法又称反演法。

- 印度数学家阿耶波多曾描述过这样一道还原问题：带着微笑眼睛的美丽少女，请你告诉我，什么数乘 3，加上这个乘积的 3/4，然后除以 7，减去此商的 1/3，自乘，减去 52，取平方根，加上 8，除以 10，得 2？

- 一个数学问题，不使用符号表达，而使用修辞手法表达，这一现象在西方一直延续到 15 世纪。

- 毕达哥拉斯学派对勾股定理的描述，不是借助于数学符号，而是通过诗歌般的手法表达的：斜边的平方 / 如果我没有弄错 / 等于其他两边的 / 平方之和。

- 阿耶波多是迄今为止我们所知道的最早的印度数学家，为纪念他，印度发射成功的第一颗人造卫星便以他的名字命名。

- 阿耶波多在天文学上成就卓然——

  ①他认为：天空在旋转，事实上只是地球在绕着自己的轴旋转。

  ②他计算出了其他行星围绕太阳旋转的半径，并意识到这些轨道是椭圆。这领先德国天文学家开普勒的行星三定律 1000 年。

  ③他估算出一年时间的长短，相传与现代的误差仅有 15 分钟。

- 中国数学史上第一位名列正史的数学家是祖冲之。

- 阿瑟·柯南·道尔在他的作品《福尔摩斯探案集》中塑造了传奇形象：夏洛克·福尔摩斯。探案的过程即面对犯罪结果，借助蛛丝马迹，逆向推理事情的来龙去脉，还原犯罪事件始末的过程。

- 夏洛克·福尔摩斯很喜欢说的一句话是关于"排除法"的：当你排除掉所有的不可能，无论剩下的是什么，即使再不可能也一定是真相。

- 法医可以根据受害者躯体组织、器官对刺激的反应等方面，判断受害人受害的时间；根据受害人骨骼的特点，还原受害人的体貌特征。

- 关于蚂蚁返巢有另外的说法：蚂蚁能够采取直线前进的方式回到巢穴，而不是一步步回溯离开巢穴的路径。原因是蚂蚁懂得借助阳光判断巢穴的方位，并可能携带着精密的"计步器"，借此可判断准确的方位与精确的距离。

- 一只蚂蚁最远可离巢漫游 50 米。

- 回忆是记忆的第三环节（识记、保持、回忆与再认），是恢复过去经验的过程。

- 网球比赛中的鹰眼技术借助高速摄像头与计算机系统，以图像的形式，精确还原再现比赛过程中网球的路径，可帮助裁判做出更客观的判断。

- 小孩看到一个现象、一种结果，喜欢问导致这个现象、这种结果的原因。这种探求"所以然"的好奇心是建立还原思想的重要力量。

● 计算机死机时，我们可以关机重启，把计算机还原到初始的开机状态。一盘棋、一场游戏结束时，我们可以再来一局，把棋盘状态、游戏状态还原到初始状态。没什么大不了的。

● 很多事情都可以还原到初态，再来一次，可惜时间不能。冰箱里有很多冰棍，却再也找不到 10 岁夏天的傍晚，那根蓝莓冰棍的味道了。

—— —— —— 回头线 —— —— ——

回味 1：还原，是知_____索_____的数学思想。

回味 2：逆推法又称_____。

回味 3：印度数学家阿耶波多所描述的还原问题的答案是_____。

17. 假 设

尤瓦尔·赫拉利在《人类简史》中提到了一个有趣的数：150。先来听听关于它的相关说法——

人是社会性动物，在生存和生活中需要彼此沟通、互相帮助：你借我一块橡皮，我借你一张草稿纸，如此便可顺利愉快地度过学习时光。

在人类的进化过程中也是如此，独木难成林，想维系人类这片森林的繁盛，社会合作是必不可少的关键因素。那么，人与人之间，团队与团队之间，究竟是通过什么实现合作的呢？

150这个神奇的自然数就出现了。当人类团体的成员数量少于150时，通过"八卦"即可维系合作。当人类团体中的成员数量超过150时，便需要通过"虚构故事"来维系合作。只要制造出共同相信的"虚构故事"，就算是大批互不相识的人，也能共同合作。例如教会的根基在于宗教故事，人们相信宗教故事，所以两个互不相识的宗教信徒就算从未谋面，也还是能够团结在一起。

这是"虚构"的力量，这是"假设"的力量，它强大到可以运转一个庞大的团队。

数学也是一个王国，在这个王国里，"假设"的力量同样巨大。

从大处说，因为人们相信《几何原本》中的"假设""公设"，庞大的几何学得以建立起来。

从小处说，人们通过"假设"这一操作，可以轻而易举地解决很多数学问题，例如著名的鸡兔同笼问题、常见的逻辑推理问题、变速变向的行程问题等。

举一个例子。

《孙子算经》中的鸡兔同笼问题是这样叙述的：今有雉、兔同笼，上有三十五头，下有九十四足，问雉、兔各几何？用现在的话说就是，笼中有鸡和兔，头共有35个，脚共有94只，问鸡与兔各有多少只？

用假设法解此题的一般步骤：假设（假设只有一种动物）、作差（假设情况与实际情况的差）、调整（把一只动物调整为另一只动物，让腿数变化以向实际情况靠近）、求鸡和兔（调整完毕，设此求彼：设兔先得鸡，设鸡先得兔）——

①假设笼中全部是兔，则共有脚：$4 \times 35 = 140$（只）；

②实际脚共94只，实际比假设少：$140 - 94 = 46$（只）；

③把一只兔变回一只鸡，脚数少：$4 - 2 = 2$（只）；

④需要调整的次数即鸡的数量：$46 \div 2 = 23$（只），继而兔有$35 - 23 = 12$（只）。

爱因斯坦说："想象力比知识更重要。"他是在肯定"假设"的力量吧。

———————分割线———————

- 古人对世界的描述来自直接观察与想象、假设的混合：苍天如圆盖，陆地似棋盘；天似盖笠，地法覆盘；天之包地，犹壳之裹黄。

- 古人分析日月流转、江河奔逝的依据来自假设：天有擎天之柱，共工怒而触不周之山，致天柱折地维绝；自此天倾西北，日月星辰移焉，地陷东南，水潦尘埃归焉。

- "猜想"是等待证明或证伪的陈述，它与假设具有相同的数学含义。

- 有一种说法：数学世界有三大猜想——

  ①费马猜想。它于1995年由英国数学家安德鲁·怀尔斯完成证明，遂称费马大定理。

  ②四色猜想。它于1976年由美国数学家阿佩尔和哈肯借助于计算机完成证明，遂称四色定理。

  ③哥德巴赫猜想。尚未被证明，仍是猜想，未成定理。

- 数学中的"定理"指的是通过数学公理或定理证明的陈述或假设。

- 古希腊人采用严格的证明，通过演绎逻辑，从一条公理或定理推导出另一条。这一数学遗产超越了他们的定理以及发现，把整个学科提高到了一个新的高度。

- 中国的鸡兔同笼问题在日本被称为龟鹤算。

- 假设法是解决鸡兔同笼问题的方法之一，为方便小朋友理解和使用，一些别称被创造：兔子投降法、抬腿法、吃腿法等。

- 用假设法解鸡兔同笼问题，即把两个对象（鸡与兔）通过假设变作一个对象（鸡或兔）。这种"降维"处理是简化问题时的常用操作。

- 刘慈欣的科幻小说《三体》中记载了高等文明生物对敌作战时的一种手段：降维打击。这种打击类似于一巴掌把三维的雕塑拍成两维的照片。

- 不只是数学中存在假设，诗词中的假设也很常见：人生若只如初见、他日若遂凌云志、天若有情天亦老。

- 奇幻电影《人生遥控器》讲的是主人公在假设的人生中度过了一生。假设的人生帮他重新认识了生活，回到现实后，他重新发现了生活真正的宝贵之处。

- 假设特别重要，我们却不能完全沉溺于假设中，因为还需要行动。有一个小故事是这样的。一位信徒虔诚地信奉上帝，他每日向上帝祈祷同一件事——中彩票。他如此虔诚，人人为他所感动，却唯有上帝对他无动于衷，因为他从青春少年一直祈祷到鬓发如霜，愿望仍只是愿望。在他生命的最后时刻，他困惑又愤怒地质问上帝："我一生如此虔诚地信奉您，您为何连这样一个小小的愿望都不愿满足我？"就在此时，上帝的声音传到了他的耳边："可以让你中彩票，但前提是你先要买一张彩票啊。"

———————— 回头线 ————————

回味 1：“八卦”所能维系的团体成员的最大数量大约是_____。

回味 2：鸡兔同笼问题在日本被称为_____。

回味 3：世界三大猜想中未被证明的是_____。

18. 比 较

文字是一种符号，在统一的文字符号被使用以前，先人们已经能够用其他的方式记录和传递人人易懂的信息。

秦统一文字以前，战国的铜壶上用人物图形记录宴乐攻战；3万多年以前，史前祖先在肖维岩洞中通过绘制动物形象来记录猎捕信息；克里斯汀·斯科特·托马斯复绘岩洞中的壁画是《英国病人》的开篇镜头，人物游泳的壁画向后人展示了"沙漠曾是绿洲"的信息。

数字也是一种符号，在统一的数字符号被使用以前，先人们已经能够用其他的方式表达数学思维。下面的例子或可简述人们表达"比较"思维的过程。

在我们这个时代，一些原住民用于表达数量的词汇十分有限。

对生活在亚马孙河支流迈西河流域的狩猎采集者——皮拉罕部落的成员们——来说，语言中只有"1"和"2"这两种数字，除此之外的数量，他们用"许多"来描述。

现在有两位皮拉罕部落的成员 A 和 B。他们决定斗富，比斗的规则是牛多者更富有。

A 家的牛是这些：

B 家的牛是这些：

若用他们的计数语言来描述，会是 A 有"许多牛"，B 有"许多牛"。很显然，这样的描述传递不了有效的比较信息，倘若不想一个有效的方法，他们只能一直僵持下去。

事实是，他们会这样操作——

A 把一头牛推到河里，B 也把一头牛推到河里。

A再把一头牛推到河里，B也同样再把一头牛推到河里……

如此不断操作，最后可发现：当A没牛可推时，B仍有牛在岸上。

那么，结果出来了：B比A富有。

两位斗富者顺利地解决了一个数学问题——谁多谁少。他们所依据的不是对数的认知（9比7多），而是"比较的思维"。

具备了比较的思维，有时候我们不需要动用复杂的数学操作，甚至不需要对具体知识点有透彻的认知便可解决一些数学问题——

图形分类玩具是一个证据：儿童不需要知道什么是平行四边形、正六边形，不需要研究它们边的特点与内角的度数，只需要比较它们的外形，便能顺利地将图形通过相应的孔洞塞进盒中。

给小学生一个函数表达式，请他们根据对应关系求取函数值。在没有彻底理解函数的前提下，同学们通过比较给出的例子与问题，仍能顺利地求得函数值。小学阶段称之为定义新运算，练习的即比较与化归的本领。

有一类为小学生准备的阅读题，涉及经济、环境、规划设计等，同样不需要对这些领域有深刻的理解，不需要对专业名词有本质的认识，只需要比较问题与原文信息便能找到正确选项。这便是应用题。

　　应用题中有一种练习比较思维的典型题目：盈亏问题。通过比较每次的分配差，比较结果的变化，便可分析出分配的总量与分配的份数。形如：把一些复仇者联盟手办分给一些小朋友，如果每人分 3 个则剩 1 个，如果每人分 4 个则缺 2 个。请问：手办数量共多少？小朋友数量共多少？

　　《初刻拍案惊奇》中说：有些人生来心思慧巧，做着便能，学着便会。这类心思慧巧之人一定具有很强的"比较"本领。

　　孩子们在听比较的故事时，经常喜欢把聚焦点偏移：老师，把牛推到河里太残忍了！所以，末尾做个补充说明：皮拉罕部落的成员把牛推到河里，只是帮它们洗洗澡而已。

———— 分割线 ————

- 西班牙内尔哈洞穴中的壁画距今大约有 42000 年，是迄今为止发现的最古老的壁画作品。在这之前，考古学家们认为法国肖维岩洞的壁画最为古老，它们距今约 36000 年。

- 世上最古老的四大文字系统分别是苏美尔的楔形文字、埃及的象形文字、中国的汉字、美洲的玛雅文字。其中，苏美尔人所创的楔形文字最为古老，它们大约出现于公元前 3200 年。

- 在区别比较中，找相异点是目的，找相同点是基础。找相同点必找相异点，找相异点必找相同点，它们互相依存、不容分割。

- 等号的含义与比较有关 —— 威尔士外科医生兼数学家罗伯特·雷科德在其 1557 年的论文《智慧的磨刀石》中使用了"="。"="的样子像一对等长的平行线，罗伯特·雷科德是为了避免反复地说"等于"才发明了等号。他认为：没有哪两样东西能比两条平行又等长的线段更相等了。

- 一些数学符号的"诞生录"——

① 1489 年，德国人约翰内斯·威德曼首先使用了"+"和"-"来表示加法和减法运算。

② 1556 年，意大利数学家尼科洛·塔尔塔利亚（他曾被士兵砍伤头部，留下口吃的后遗症，塔尔塔利亚是人们给他起的绰号，意大利语意为"口吃者"）第一个在计算中使用"（ ）"。

③ 1557 年，英国人罗伯特·雷科德第一个使用"="表示等于。

④ 1608 年，荷兰人鲁道夫·司乃尔第一个使用"，"分隔开数字的整数部分与小数部分。

⑤ 1621 年，英国人托马斯·哈里奥特第一个使用"<"和">"来表示数之间的大小关系。

⑥ 1631 年，英国人威廉·奥特雷德第一个使用"×"来表示乘法运算。

⑦ 1647 年，还是威廉·奥特雷德，他第一个使用古希腊字母"π"表示圆周率。欧拉对 π 的使用给予了推广。

⑧ 1647 年，法国人笛卡儿在德国人斯托夫·鲁道夫设计的平方根符号"$\sqrt{}$"的基础上加了一条横线，记作：$\sqrt{}$。

⑨ 1659 年，德国人约翰·拉恩第一个使用"÷"符号。

● 韦达被称为现代代数符号之父，他的主要贡献之一是在 1591 年所著的《分析方法入门》中使用了全新的数学表达方式，大大简化了代数语言。这是一场革命——以前，花拉子密等代数家的著作中往往一个符号也没有，他们使用纯语言的修辞方式来描述数学证明过程与结论。

● 韦达提出用字母来表示运算，他的提议是用元音字母代表方程中的未知数，用辅音字母表示方程中的已知数。后来，他的提议被抛弃，笛卡儿的提议被采纳：用字母表中的前几个字母（如 a、b、c）表示已知数，用字母表的后几个字母（如 x、y、z）表示未知数。

● 化学中，红外光谱分析依据的便是比较——把待分析物质的红外光谱与某些特征官能团的红外光谱相比较，如果一一匹配，便可判断出它含有什么物质。

● 阿尔法狗下围棋的本领超人，它所依据的主要方法还是比较——将面前的棋局与它庞大的数据库信息匹配比较，得出最优棋路。

- 借助一一对应，可以对无穷对象进行比较（例如比较整数与偶数的多少），比较的结论是，在无穷的世界里，部分可以等于整体（每一个整数，都有一个偶数与它对应，所以整数与偶数一样多）。

- 无穷大数的性质与我们在普通算术中所遇到的一般数的性质不一样。按照比较两个无穷大数的康托尔法则（一一对应），可以得出：偶数的数目与所有整数的数目一样大，循环小数的数目与所有整数的数目一样大，普通分数的数目与整数的数目一样大。

—————— 回头线 ——————

回味 1：不用尺子测量，如何得知你与同桌谁更高？

_____。

回味 2：世上最古老的四大文字系统是_____、_____、_____、_____。

回味 3："="中的两道杠表示的是两条_____。

19. 化 归

匈牙利数学家路沙·彼得在她的著作《无穷的玩艺：数学的探索与旅行》中曾用一个例子来解释数学中的"化归思想"——

首先，出现第一个需要解决的问题：烧水。

已有的条件是煤气灶、水龙头、空水壶、火柴。那么解决烧水这个问题的具体操作流程应该是怎样的呢？

有生活常识的人都能做出回答：先将水壶灌满水，再把水壶放在煤气灶上，最后点火烧水。烧水这个问题便顺利解决了。

接着，出现第二个需要解决的问题：还是烧水。

但这一次的条件发生变化：空水壶变成已装满水的水壶，其他条件不变。那么这一次该如何烧水呢？

有生活常识的人都能做出回答：直接把水壶放在煤气灶上，点火烧水，完工。

这个操作没有问题，但如果按数学家的思维操作，会是这样：首先，将水壶中的水倒掉；然后，剩下的操作与解决第一个问题时完全一样。

这便是化归——通过处理，把新问题变为已经解决过的老问题。

如果你已能理解化归的思想，那么接下来这个笑话的梗应该也可以捕捉到——

一位工程师与一位数学家被困在一座孤岛之上。岛上有两棵椰子树，它们各结了一个大大的椰子。

现在两人饥渴难耐。

于是工程师先行动了：他爬到第一棵椰子树上，摘下椰子，美美地享受了甘甜的椰汁。

接着数学家也行动了：他爬到第二棵椰子树上，摘下椰子。然后带着椰子爬上了第一棵椰子树，并把摘下的椰子挂在了第一棵椰子树的枝头。

回到树下，数学家盯着第一棵椰子树对工程师说："那么现在，我们已经把问题化归为初始问题啦。"

初听初见，像神经病式的操作，但再见再想，是不是能感受到一种异样的大智巧妙！

————————分割线————————

- 日本小说家东野圭吾的小说《嫌疑人 X 的献身》中有一个情节：老师给学生们解答一道几何问题，解答的关键是把这个几何问题化归为代数问题。这一句话让整个故事发生了突破性的转折。

- 法国数学家、物理学家、哲学家笛卡儿建立起坐标系，把几何问题化归为代数问题，从而创立了解析几何学。

- 高斯 19 岁时，发现了正十七边形的尺规作图方法。但是，他并不是使用尺规绘出了正十七边形，而是用数论的方法证明了它的可行性。

- 几何问题可以化归为代数问题，其他问题当然也可以化归为几何问题来解决，例如对阿拉伯数字的认识——

方法①：把阿拉伯数字理解成几何图形，根据它们的象形，编制出易于区分和记忆的儿童歌谣：

1 像铅笔细又长

2 像鸭子水中游

3 像耳朵听声音

4 像小旗迎风飘

5 像秤钩称东西

6 像哨子口朝上

7 像镰刀来割草

8 像麻花拧一道

9 像蝌蚪尾巴摇

方法②：把阿拉伯数字理解成几何图形，从"角"的角度理解记忆它们，如图：0 没有角，1 有一个角，2 有两个角，以此类推，9 有九个角。

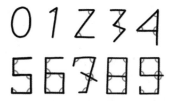

- 笛卡儿提出过解决问题的"万能方法"：任何问题都可化归为数学问题，数学问题化归为代数问题，代数问题化归为方程问题，从而得解。

- 英国数学家哈代在论文《数学证明》中写道："严格来说，没有所谓的证明这种东西，归根结底，只能指指点点。"即数学证明就是把待证问题化归为已证问题。

- 《几何原本》把人们公认的一些事实列为定义和公理。各种几何图形性质的研究与证明，都是化归为这些定义和公理的逻辑过程。

- 在已知三角形的内角和为 180 度后，所有多边形的内角和便都可求得——把多边形进行切割，化归为若干个三角形。

- 在求取圆周率 π 的过程中，人们是把圆化归为正多边形来研究的。

- 多元方程的求解过程用到了消元法，这也可以理解成是一种化归操作——把三元方程通过消元化归为二元方程，再把二元方程通过消元化归为一元方程，进而得解。

- 消元法在西方被称为"高斯消元法"。

- 中国古代没有表示未知数的符号，《九章算术》中是用类似于矩阵的算筹图形式来表示方程组，然后使用"直除法"解方程组。

- 19 世纪，西尔维斯特和凯莱等人用矩阵的方法对消元法进行了较为全面的研究。

- 在解一元一次方程的过程中，需要合并已知项或未知项，该步骤可利用多种方式实现——移项、等式的基本性质、逆运算等——其中逆运算可理解为一种化归操作：将含有未知数的方程问题化归为全为已知数的算术问题。

- 乘方运算即把乘法运算化归为指数的加法运算。

- 在古印度国王奖励国际象棋发明人的故事中，小麦粒数的乘方运算结果用幂的形式描述，比直接用积描述简单很多。

- 对数运算即把复杂的幂的运算化归为对数的加减运算。

- 里氏震级在描述地面上下震荡的程度时用到的是对数值，即 9 级地震的震荡程度是 8 级地震震荡程度的 10 倍，而不是仅仅增加了 8 级地震震荡程度的八分之一。

- 仿照例题做练习题，使用的即化归法——把练习题的条件化归为例题的条件，根据例题的解答方式解出练习题的答案。依葫芦画瓢地做题，初始时不是坏事，对锻炼化归本领很有帮助。

- 语言翻译也是一种化归：将"叽里呱啦语"化归为我们熟悉的汉语。

—————— 回头线 ——————

回味 1：三角形的内角和是＿＿＿＿＿＿＿＿＿度。

回味 2：正六边形的内角和是＿＿＿＿＿＿＿＿＿度。

回味 3：根据笛卡儿的万能方法，可将应用题最终化归为＿＿＿＿＿＿问题。

20. 对 应

美国物理学家费曼在麻省理工学院读书时，加入了大学的一个兄弟会，接着经历了下面这样一件事——

一天，兄弟会的老生来戏弄他们这些刚入伙的新生。

费曼他们被蒙上眼睛，送到了遥远的乡下。当他们睁开眼睛的时候，只看见附近一个陌生的冰封的湖，湖上没有渔夫，湖里面没有美人鱼，没有任何人来告诉他们这是哪儿。

在寒冷的隆冬季节，他们只能矗立在湖边思考一个重要的问题：如何找到回去的路。

他们当时都很小，有些害怕。但害怕并没有给他们带来有效的信息。带来有效信息的是平时很喜欢开玩笑的一个家伙——毛里斯·梅耶。

当他们走到一个十字路口时，毛里斯·梅耶指着一个方向很肯定地说："我们走这儿！"

大家都很质疑，以为他又在开玩笑。于是反问他，为什么选择那个方向？

毛里斯·梅耶说："简单！看看电话线，哪边的电话线多，哪边儿就是总机。"

事实证明，这是一个很准确的判断。费曼他们沿着那个方向前进，很顺利地回了城，没走一点儿冤枉路。

费曼这位聪明的同学在寻找方向时用到的方法就是对应法——电话线多的方向对应着城市的方向，就像北极星的位置对应着北方一样。

费曼

可以再举一个利用对应法解决问题的例子——

一天早上，你高高兴兴地跑到天安门广场玩。恰逢帅气的国旗护卫队迈着正步走向升旗处。

看着笔挺的身姿、化一的队形，听着让人亢奋的齐步节奏，你突然想到一个问题：国旗护卫队的所有军人一共有多少脚趾头？

那么，该怎样解决这个问题呢？

如果冲上前，将他们的靴子全都脱掉，一只脚一只脚地数，很显然不现实。

当然能想到更容易的方法：数脑袋。1个脑袋对应10个脚趾头——不要纠结六趾问题啦，军人都是需要严格体检的。

这个方法即"对应法"。

对应的思想在数学中经常使用，例如：计数中的插板法、几何计数中的"圈猪法"、应用题中的量率对应等。

对应的思想在生活中也经常用到，例如：一张100元的人民币可对应3斤3两（1.65千克）猪肉。

———————分割线———————

- 古人把天上的星宿与地上的区域一一对应，二十八星宿对应九州大地。

- 13 世纪的欧洲，词组"托莱多的科学"和"黑魔法"是同义词。这是因为托莱多翻译院输出的大量材料都涉及占星术，并和数学有关。当时非常先进的知识被大多数人误认为是魔法，人们怀疑数学的本质是魔法。

- 地图是一种对应，地图中的每一块区域对应实际中的一片土地。地图中的每一对经纬度，都对应实际中的一处位置。

- 全球定位系统（Global Positioning System，GPS）以全球 24 颗定位人造卫星为基础，向全球各地全天候地提供三维位置、三维速度等信息，由美国国防部研制建立。

- 经纬度：在地球仪或地图上，经线为南北方向，纬线为东西方向。不同的经线与纬线可用经度与纬度来区分表示。经度与纬度合称经纬度，它们组成了一个坐标系统，用以标示地球球面的相应位置。

- 国际上，定义通过英国伦敦格林尼治天文台原址的那条经线为 0° 经线，即本初子午线。

- 中国领土：北达北纬 53°37′ 的黑龙江主航道的中心线，南至北纬 3°52′ 的曾母暗沙，南北跨度约 5500 千米；东起东经 135°5′ 的黑龙江与乌苏里江汇合处，西到东经 73°40′ 的帕米尔高原，东西跨度约 5200 千米。

- 古代的结绳记事、刻痕记事用到的就是对应法：每个绳结或每个刻痕对应一件重要的事。

- 绳结在人类文明发展中扮演着重要的角色，不仅可以记事，系衣物、建房屋、扬帆航海等，都有绳结的身影。现在，有关绳结理论的研究，已先进到没有人可以完全掌握其中最深刻的应用的地步。

- 每个人都有一个名字，老师点名时，名单中的一个名字即对应教室中的一位同学（没有名字相同或其读音相同的人）。这样请同学回答问题时，就不需要说"请这位头发短短的、眼睛大大的、很可爱的同学来回答问题",只需喊出同学的名字即可。

- 汉字、图形各自对应着一定的信息内容。例如,阿拉伯数字是一组图形,每个图形对应一定的数量:"5"对应着与人一只手的手指一样多的数量。

- 在编码记数系统中,每一种编码对应一个数量。例如,在古埃及的编码记数系统中,一朵莲花对应数量1000,一只青蛙对应数量100000。

- 军人的每个勋章都对应着一次获得荣誉的光荣行动。人们只要看到勋章,不需要谁来讲故事,便能联想到他曾做过了不起的事。

- 考试成绩是一种对应,对应着考生考试时所处的一种综合状态。

- 手表中有对应,秒针每摆动一格,对应着时间流逝了一秒。日历也有对应,每撕掉一张日历,对应着又度过了充实或恍惚的一天。

- 妈妈喊你全名的时候,可能就对应着一个危险的信号,预示着一件不太愉快的事将要发生。

———————— 回头线 ————————

回味1:0°经线又叫_____。

回味2:中国南北相距_____千米,东西相距_____千米。

回味3:举一个对应的例子:_____对应_____。

21. 对 称

什么是生活的准则？ Do it 100%（引自电影《绿皮书》）。我有多爱你？ I love you 3000（引自电影《复仇者联盟4》）。什么是流浪与乡愁？ I am 500 miles away from home（引自民谣《500 miles》）。 用数来描述想法与感受，有时能产生更好的效果。

除了数，描述世界的数学元素还有很多，又如：对称。

如果世界是上下对称的，将会怎样？电影《逆世界》构造了这样一个世界——

在同一个空间中，存在截然不同的两片区域，它们各有各的陆地、海洋，各有各的树木、建筑，各有各的居民。两片区域分布在"上方"和"下方"，像是关于镜子对称的"两个世界"。

天空位于陆地与陆地之间，位于海洋与海洋之间，如同空气位于地板与天花板之间。

人们在各自的陆地上生活。对每一块陆地上的人来说，另一块陆地上的人都像倒挂的蝙蝠。不只是人，一切都是倒的：树木花草是倒的，飞鸟走兽是倒的，山石河川是倒的。

它们彼此如镜像般相似，同时，它们又存在于完全隔离的不同的"两个世界"。

电影故事即在这样的环境背景下展开……

电影因为要讲故事，要制造故事冲突，所以把重点放在两个"对称世界"的相异处。但在数学或生活中，彼此的相似或者全等经常成为我们关注的重点，而"对称"所展示的最大特点之一，即对称对象的相似性甚至是全等性。

很早以前人们便有"对称是种美"的观点，并将该观点应用到现实生活的设计中。随处都可遇见对称性：书的封面和封底关于书脊对称，风扇的扇面关于中心旋转轴对称，左右手的手套呈镜像对称……

小学数学中关于对称的内容非常普遍——

计算中的对称：加法与减法这两种相逆的运算，可理解成其具有对称的特点。从这个角度想，有些用减法解决的问题可考虑利用加法来解决。

几何中的对称：为什么平行四边形的一条对角线可以将其平分为面积相等的两部分？证明方法很多，从"平行四边形是中心对称图形"这个角度证明，既简单又直接。

枚举法中的对称：利用树形图枚举，当图形分枝的节点彼此具有对称性时，无须绘制出全部的树形结构，可利用对称性做简化替换，快速得到答案。

加乘原理中的对称：选取1、2、3、4、5中的4个数字构成一个四位数，这样的四位数共有多少种？在这样的四位数中，千位是1的四位数与千位是2、3、4、5的四位数同样多。利用这种"对称"的特点，可直接使用加乘原理求算。

很多人想找寻或制造世界里的另一个自己，对神秘的"对称的自己"有无穷的想象和期待。都找到了吗？

——————分割线——————

- 小学几何中常提到的对称：轴对称、旋转对称、中心对称。

- 为什么雪花形状是美丽的六重对称形状？开普勒给出的解释是，这是最有效率的方式。

- 可能真的存在"最有效率"这个原则，世界从宏观到微观即按照这个原则运转。一些相关的理论和例子有——

  ①最小作用量原理：法国数学家、物理学家和哲学家莫佩尔蒂提出——自然界里发生变化的时候，这种变化所需要的消耗是最小的。

  ②奥卡姆剃刀：如无必要，勿增实体。其中一个应用是最为简单的解释往往最接近事实本身。

  ③光的传播：光并非沿最直路线，而是沿最短路线传播。空间弯曲，光的轨迹即弯曲，它不是追求形状，而是追求效率。

- 古罗马时代，一位将军向学者海伦请教了一个问题：将军从 A 地出发，先到河边饮马，然后再去河岸同侧的 B 点，怎样走才能使路程最短？该问题被称为"将军饮马问题"，可利用对称的想法解答。

- 手性对称，指一个物体与其镜像不能重合的对称。手性对称在化学中经常出现，化学中有句话叫"结构决定性质"。具有手性对称的化合物，因结构不同而产生性质上的差异。

- 反物质类似于普通物质的"镜像"，当两者相遇时会发生湮灭，物质转化为能量，并释放出大量光子（伽马射线）。

- 齐步走是身体移动时躯体左右两侧的对称操作。长颈鹿散步时，每一侧的前后腿是同时着地的。

- 剪纸是用剪刀或刻刀在纸上剪刻花纹。在剪刻的过程中，通常会对纸张做折叠的预处理操作，以实现图案呈对称的效果，例如：红双喜图案、蝴蝶图案、双鱼图案等。

- 折纸几何学是对将一张通常是正方形的纸折起来形成的更复杂的造型艺术所进行的数学研究。折纸技术曾被用来确定气囊的最佳折法、卫星太阳能面板的折叠方式、空间望远镜塑料透镜的设计等。

- 墙纸模式，是指同一个图案在两个方向上重复——

  ①上下重复：源自印刷滚筒的连续滚动。

  ②左右或斜向重复：可使一幅墙纸过渡到相邻的另一幅墙纸上，从而做到铺满整个墙面。

- 福布斯 2005 年的调查统计有一项结果：影响人类文明最重要的工具是"刀子"。石制的"手斧"是刀子的始祖，它的形状是经过一代又一代古人的思考和琢磨传承下来的，这些石斧往往具有一个共同的特点——对称。

- 建筑偏爱对称性：中国的故宫、英国的巨石阵、印度的泰姬陵等。

- 米开朗琪罗为梵蒂冈西斯廷天主教堂绘制的壁画《最后的审判》，具有左右对称的构图特点。

- 电影《布达佩斯大饭店》的摄影构图中，存在无穷多的对称设计。

- 美国数学家伯克霍夫想用数来量化美，他根据"对称性越多，美的程度越大"的想法，定义了"美度"——美度 = 秩序 / 复杂度。

———————回头线———————

回味 1：如果理想化，那么人脸的左右对称属于_____（轴对称、旋转对称、中心对称）。

回味 2：很多汉字具有对称性，试举 3 个例子：_____、_____、_____。

回味 3：当下你手边最近的、具有对称性特点的物体是_____。

22. 分　组

　　谁是地球的主人？人类吗？有人认为是！尹烨先生有另一种观点：细菌是地球的主人。从多个方面比较，人类不是细菌的对手——

　　从年龄上讲：细菌来到地球已经34亿年，而人类历史约为700万年。

　　从数量上讲：据估计，全世界的细菌有5×10^{30}个；据统计，2016年地球人口的数量约为7.2×10^{9}。

　　从广度上讲：人类可以去地球最酷寒的南北两极，可以攀世界最高的珠穆朗玛峰，可以潜千米深的海，已算是上天入地、足迹遍布地球的角角落落了。但是，凡有人的地方就有细菌，细菌又生存在人体的角角落落、里里外外——一个重50千克的人，肚子里有两三千克细菌；一个人的皮肤上，大约生活着一万亿个细菌；人的一只手掌上，就有100多万种细菌。

　　从战斗力上讲：1928年英国细菌学家弗莱明发明了青霉素，开启了抗生素时代，双方经过近百年的战斗，结果是细菌不断演化、不断产生抗药性。相反，细菌若想消灭人类似乎显得容易得多。笔者有一个大胆的推测，那就是细菌与人类和平共处，而不是你死我活地战斗到底，仅仅是源于细菌的理智——它不想伤害它的宿主。

　　从影响力上讲：一个人如果想通过行动或语言来改变另一个人的观点、生活习惯，是很困难的。但是细菌可以潜移默化地改变一个人的饮食习惯、体型和外貌、免疫系统。

　　从凝聚力上讲：人类种群达到一定的数量，便会不断地产生矛盾冲突，无法同化所有对象。而在细菌种群中，细菌与细菌间可以无私地共享优势基因，例如：一个细菌产生了耐药性，它会把体内的基因传递给其他细菌，与之共享。

就从"种群"处暂停。种群，简单来说就是按时空标准分成的生物小组。

独木难成林，各种对象都需要靠分组来增强"存在力"。

细菌有细菌的分组：有的属于能合成多种人体生长发育所必需的维生素的肠道菌群，有的属于有助于受伤皮肤愈合的皮肤菌群，有的属于能让人生病乃至死亡的致死菌群。

人类有人类的分组：物以类聚，人以群分。痴迷音乐的人有他们的音乐圈，爱好文学的人有他们的文学圈，喜欢打乒乓球的人有他们的乒乓球圈。

数学里也喜欢分组操作——

小学奥数按专题内容可分成 7 个大组——计算、应用题、几何、计数、数论、数字谜、组合。

研究周期数列时，常以一个周期为单位进行分组。一个周期所包含的元素数量叫"周期长度"。

研究等差数列时，将等差数列等项分组后（如 1 至 5 项为一组，6 至 10 项为一组，以此类推），每组求和构成一项，构成的新数列仍是等差数列。

鸡兔同笼问题的解答方法之一即分组法。当已知的头尾信息涉及倍数关系时，通常可以考虑使用分组法。

举个例子——

鸡与兔同笼，已知鸡头是兔头数量的2倍，两种动物的腿共120条。问鸡与兔各有几只？

分组法的套路可简述为4步：按倍分组（知头倍按头分，知腿倍按腿分），分析每组条件（按头分则分析腿，按腿分则分析头，即分析第二条件），求整组数（所分出的完整组的数量，有些题目存在不完整组），求鸡、兔数量。

①知头倍则：2鸡1兔一组

②每组有腿：$2 \times 2 + 1 \times 4 = 8$（条）

③完整组有：$120 \div 8 = 15$（组）

④鸡共有：$2 \times 15 = 30$（只）；兔共有：$1 \times 15 = 15$（只）

情况复杂的数量通过使用同一标准予以分组，分析对象即由整体简化为具有代表性的部分，可实现问题的简化处理。这是使用分组法解决鸡兔同笼问题的缘由之一。

生活中还有更重要的一种分组结果：家庭！

———————分割线———————

● 使用倒序相加法对等差数列求和，相当于首尾配对分组。分组求和操作虽看似简单，但假以高斯之名演义传袭，又似神来之笔。

● 斐波那契数列相邻的3项可看作一组，它们完整地展示了该数列的规律：第3项等于前两项的和。

● 解析几何奠基者笛卡儿借助坐标系将几何与代数融为一体：一组代数数据即对应几何中的一种图形。例如：一组有序数对可代表平面图形中的一个点。

● 数学中有分类讨论，它是对问题进行分组分析的一种操作。某些问题的结果受条件的约束，具有不唯一性。

- 设计化学实验，要分别设置实验组与对照组，利用实验组与对照组的对比，分析单一变量对实验结果的影响。

- 集合论中，把元素按要求（确定性、互异性、无序性）分成一组，即构成集合。

- 集合论由德国数学家格奥尔格·康托尔创立，它被称为"人类纯粹智力活动的最高成就之一"。过度的思维劳累及强烈的外界刺激，使康托尔患上了精神分裂症，最终于精神病院中陨落。

- F. 鲍耶（高斯的同学兼终身好友）在得知他的儿子 J. 鲍耶（非欧几何学创立者之一）迷恋非欧几何学时，写信劝阻儿子停止研究，理由是它将剥夺你所有的闲暇、健康、思维的平衡以及一生的快乐，这个无底的黑洞将会吞噬 1000 个如灯塔般的牛顿。

- 学校按年级分组，年级按班级分组，班级按值日组分组，QQ 群里有分组，微信群里有分组……生活里的分组实在太多啦！

- 红酒依年份分组以论高下的特征非常明显：因为波尔多 1982 年的气候好，产出的葡萄质量高，所以 1982 年的拉菲品质更为出众。

- 荷兰画家蒙德里安选用红、黄、蓝、黑、白纯色，于几何区域中分组涂布，完成的作品风格脱颖悦目怡人。

———————— 回头线 ————————

回味 1：青霉素的发明者是英国细菌学家_____。

回味 2：等差数列求和，使用的方法是_____。

回味 3：集合论的创立者是德国数学家_____。

23. 整 体

在汤姆·汉克斯主演的电影《阿波罗 13 号》中，有一处关于"整体思想"的情节——

为探索太空，美国航空航天局发射了登月飞船阿波罗 13 号。不幸的是，在飞往月球的途中，飞船舱内发生局部爆炸意外。

爆炸之后，飞船仍可在太空中飞行，但登月计划只能终止，取而代之的是营救计划——将飞船内的 3 名航天员安全地引领回地球。

想让受损的飞船安全返回地球，需要解决的实际问题很多，其中非常重要的一项是电力短缺问题。电是最重要的，没有电，飞船便无法与地面指挥中心取得联系，无法修正返航轨道，无法让热隔层调头。

地面工作人员在模拟舱中尝试各种方案，帮助返回舱安全返回地面。但不论如何尝试，如何节约和高效利用电力，得到的都是同一个结果：返回舱所储电力不足以让其安全返回地面，电力总是差一点点。

终于，有人想到一个方案：将预储存在登月舱中的电反传回返回舱。

有一个小问题：反传会导致电力大大的浪费。

这时，整体思想提醒了大家——浪费就浪费，那有什么关系？从整体来看，最重要的目标是给返回舱补充一点点电力，其他不必计较。

结果是，避轻就重的整体思想在这个环节有效地帮助了航天员，帮返回舱安全地返回了地面。

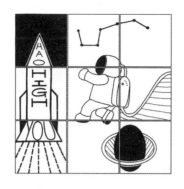

从整体的角度看问题，有时能看出意想不到的明朗效果。

整体思想可以解决很多数学问题——计算问题、几何问题、行程问题、逻辑推理问题等。它还可以解决一个很重要的生活问题——被爸爸妈妈严厉说教，难过之后，可以这样总结：整体来说，他们是疼爱我的。

———————分割线———————

- 解多元方程，消元是核心方法，消元中常有整体代入的操作。

- 计算中有换元法。换元通常是把复杂且相似的部分当作一个整体，用简单的符号替换它。

- 概率是从整体的角度分析某一对象发生的可能性，对具体某一次的发生情况是不做明确判断的。

- 概率论的诞生之日为 1654 年 7 月 29 日——帕斯卡与费马通信讨论"赌徒分金问题"的那一天。

- 素数的分布不具有严格的规律性，但从无穷整数的整体角度观察，它服从"发散"的"拟"规律性。

- 黎曼猜想研究的是素数的分布问题。它源于 1859 年黎曼向柏林科学院提交的论文《论小于某给定值的素数的个数》。

- 用整体思想描述，张爱玲认为：人生是一袭华丽的袍子（只是遗憾，细处观察的结果是另一番景象：袍子上爬满了虱子）。

- 整体思想可以治疗洁癖，理由是：从二楼观察，看到的是马路上的垃圾、树干上的疤痕；但从 20 楼观察，看到的是笔直的马路、美丽的风景。

- 观察蜜蜂容易发现：单只蜜蜂在飞行时忽上忽下，似在乱飞；但从整个蜂群来看，它们往往具有优美且明确的移动轨迹。

- 第六感，超感官知觉的俗称，又称心觉（除了听觉、视觉、嗅觉、触觉、味觉外的第六觉）。它微秒又神奇，属于一种综合的整体的感觉。

- 打球时的手感，描述的是短时间内分析步伐、位置、力度、角度等因素后的整体感觉。

- 人类可以很容易地得出这样的判断：今天天气很好，这个男孩很善良，那个女孩很漂亮。这些是综合多方因素后的整体判断，是机器人（计算机）很难模仿到位的。在建设机器人具有生物人一样的整体判断能力的过程中，数学的一个分支——模糊数学——起了重要作用。

- 模糊数学将数学从确定性领域扩大到了模糊领域，从精确现象研究到了模糊现象，它利用精确的数学手段对现实世界中大量存在的模糊概念和模糊现象进行描述、建模，以实现对其进行恰当处理的目的。

- "学习好"即一个模糊概念。班里第 20 名属于学习好呢，还是不属于学习好呢？它是不能让所有人都可以明确判断的一个概念。

- 零和游戏，又称零和博弈，指一项游戏中游戏者有输有赢，且一方所赢正是另一方所输，整体来说：游戏的总成绩永远为零。

- 演讲、演出、聚会、电影等最后都喜欢有个整体的总结。在《巴黎圣母院》中，卡西莫多最后的人生总结是："哦！我所爱过的一切！"

- 《三国演义》中，诸葛亮遣将时经常给将军们布置这样的任务：许败不许胜。因为诸葛亮喜欢用"整体思想"——为服务整体的军事布局，有些小战小役应当失败。

———— ———— —— 回头线 ——— ———— ——

回味 1：换元法用到了数学中的＿＿＿＿＿＿＿思想。

回味 2：象棋中的一个成语：丢＿＿＿＿＿＿。

回味 3：缺少整体思想的成语：盲人＿＿＿＿＿＿。

24. 估 算

物理学家费曼的自传《别闹了，费曼先生》十分有趣，其中的一个片段展示了他的朋友费米教授超强的估算能力——

费米，美籍意大利物理学家，1938 年诺贝尔物理学奖得主。他领导小组建立了人类第一台可控核反应堆（芝加哥一号堆），被誉为"原子能之父"。

1945 年 7 月 16 日，美国在内华达州的沙漠试爆原子弹成功。费米没有使用高级的测量仪器，利用简单的实验，估算出了原子弹的爆炸当量。

炸弹爆炸时会带来气浪，在气浪来临之前、之中、之后，费米将一把碎纸片从两米高的位置抛下，然后测量气浪将纸片击飞的距离，以此估算出纸片受到的压力。此时费米在远离爆点 16 千米的基地里，原子弹爆炸的气浪到达基地需要约 40 秒，结合距离因素，估算出爆炸的当量约为 10000 吨 TNT。后来测量结果显示，爆炸当量为 20000 吨 TNT。

精确计算是科学中非常需要的，但估算也同样重要。估算是整体思想的一处应用——不需要知道个别的具体的情况，只需要知道整体的大概的情况即可。

估算的例子在故事与生活中经常可见。

古代人行军作战，通过分析炉灶痕迹的数量，可估算部队的规模。

诸葛亮草船借箭，借 10 万支箭派出 20 艘船，想必离不开估算。

在地里播种、收割庄稼时，通过抬头观察太阳的位置，可以估算大概的时间。

餐厅点餐，通过菜盘数量、每盘大概的价格，可以估算出结账时需要支付的金额。

考试时，如果对每一道题都有很清晰的判断，则能估算出考试的成绩。

从现在开始留意估算，就可以做一些有趣的事：拿起手边厚厚的积分卡，想个方法估算它们的数量；告诉司机师傅前方的停车位置时，可以估计出一个具体的距离，而不只是"师傅前面停"的模糊描述；通过每人结账所需的时间及队伍的长度，估算超市购物结账时需要排队的时间……

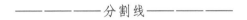
——————分割线——————

- 费米曾估算过芝加哥调琴师的数量，他估算的逻辑是这样的：芝加哥有 900 万人，每个家庭平均有 2 人，平均每 20 个家庭中有 1 家有钢琴，钢琴每年要调一次，每个调琴师调一次琴要 2 小时。那么，需求市场是 22.5 万架钢琴，共需 45 万小时的调琴时间。一位调琴师每天工作 8 小时，一周工作 5 天，一年工作 50 周，那么一位调琴师一年大概调 1000 架钢琴。综上，芝加哥需要 225 位调琴师。通过查询发现，芝加哥大约有 290 位调琴师。

- 阿基米德在《数沙术》中估算了宇宙中有多少粒沙子，并证明了这个数量是有限的。当然，从现在天文学的角度看，阿基米德所想象的宇宙尺度远远小于现在我们所认知的宇宙尺度。但阿基米德动辄撬撬地球、估估宇宙的气势，还是让人觉得很霸气的。

- 埃拉托色尼，希腊数学家、地理学家、天文学家，利用两地在夏至日正午时物体的影子，估算出了地球的周长。相传，他的估算结果与实际情况的误差小于 2%。他的估算方法是这样的。选两个地方，一处位于北回归线，一处位于北回归线偏北处。北回归线处，夏至日正午时，太阳在正上方。北回归线以北处，夏至日正午时，太阳在偏南 7 度处，则两地的弧长对应的地球圆心角为 7 度。弧长可通过实际通商经验获得数据，从而估算出地球的周长。

- 18 世纪法国博物学家布封伯爵提出了一种估算圆周率的方法——布封投针实验。该方法的具体操作如下：不断地将一根针随机地投向画满平行线的平面上，根据针与平行线相交的概率估算圆周率的大小。如果针的长度为 L，平行线间的距离为 D，其中 $L \leq D$，布封的结论是概率 $P = \dfrac{2L}{\pi D}$。

- 圆周率是一个无限不循环小数。从阿基米德到莱布尼茨，人们对它不断地精确求取的过程，就是一个又一个的估算过程。

- 可用以下方法估算一棵树上树叶的数量。将树冠视为球体，树叶因为需要光照，所以可视为它们平铺在球体表面。球体总表面积除以每片树叶的面积，即一棵树所含树叶的大概数量。

- 20 滴水的体积约为 1 毫升。通过打点滴的速度（每分钟滴下的数量），及药量的总体积，可估算出输完一瓶点滴所需要的大概时间。

- 解剖学经验显示：每个人的拳头与其本人的心脏一般大。借此可估算心脏的大小。

- 相传，很多卖肉的师傅能做到徒手切肉，质量误差不超过 1 两（相当于 50 克）。

- 在小说《福尔摩斯探案集》里，福尔摩斯可以根据鞋底沾留的泥土，推理出穿鞋者在伦敦的活动区域。

- 《红楼梦》中有一处情节：贾宝玉与麝月付账时，双双不识钱多少，只是将银块估了一估，感觉差不多，便给了大夫。怎知他们这方面的生活经验与数学感觉都待上一层楼，结果，这所付之钱是应付之钱的两倍还有余。

———————回头线———————

回味 1：目测卧室，估算它的面积为＿＿＿＿＿＿＿＿平方米。

回味 2：牙膏＿＿＿＿＿＿天用完一管，估算每天用量为＿＿＿＿＿＿克。

回味 3：通过午饭和自己随身携带的杯子，估算自己胃的容积为＿＿毫升。

25. 多 解

《追风筝的人》中记录了一个故事，把它改编之后是这样的——

从前，在华丽的宫殿中，住着一位幸福的国王。他无所不有，无所不能，但有一天他烦恼起来。

烦恼的根源是他得到了一只具有魔法的杯子，只要将眼泪滴入杯中，魔杯便能将眼泪变成举世无双的珍珠。

珍珠让国王魂牵梦绕，却又让国王不可得，因为国王的生活实在太幸福了，根本不知伤心痛苦为何物，根本流不出一滴眼泪。

一天，他在王宫的花园中散步，看见美丽善良的王后正在园中赏花，她是如此美丽，连娇艳的花儿们都在默叹弗如。

于是，国王走到王后的身后，拔出他腰中的短剑，瞬间刺透了王后的胸膛。

当鲜血直流的王后在国王的臂膀间奄奄一息时，国王看着这朵凋零的"花后"，忆起了过往种种的美好，不禁流下了伤心的泪水。

于是，他得到了珍珠。

故事到这儿并没有结束，听故事的人反问写故事的人：难道他不可以闻闻洋葱吗？

达到一个目标，或解决一个问题，有时候有远多于一种的方法，在数学中，这叫多解——一个问题有多种解法，或一个问题有多个答案。

以流泪为例，除了伤心流泪，还有很多别的可行性操作——

去厨房，在砧板上切洋葱、辣椒。

用最大的勺，吃一口芥末。

使用军用设备——催泪弹。

请同桌爱哭的弟弟帮忙……

以数学中的中括号"[ ]"为例，它可以代表多种意义——

在计算中，它是一种可以改变运算顺序的符号，如：$9000 \div [25 \times (24+12)] = 10$。

在数论中，它可以表示几个数的最小公倍数，如：$[30,40,50] = 600$。

它还可以表示取整符号，如：$[5.3] = 5$。

以数学中的"$1+1$"为例，它可以有多种理解与解答——

在传统十进制计算中，它的答案为2。

放在二进制计算中，它的答案为$(10)_2$。

数论中，在哥德巴赫猜想的表达式里，1+1代表一个素数加一个素数。

脑筋急转弯中，一堆沙子加一堆沙子，还是一堆沙子，即"$1+1=1$"。

不局限于数学，1+1还可以等于"王"……

117

以上这些可作为多解的小例子。

做思维发散的小练习，给一件事赋予多种意义，也是挺有趣的。现在可以尝试思考一个小问题：给你一张 A4 打印纸，你可以用它做哪些事？可以写出 20 种吗？

————————分割线————————

- 小学阶段比较"万能"的解题方法：枚举法、方程法。

- 笛卡儿所说的万能法，是把所有问题化归为方程问题。

- 王国维总结了做事三境界：昨夜西风凋碧树，独上高楼，望尽天涯路；衣带渐宽终不悔，为伊消得人憔悴；众里寻他千百度，蓦然回首，那人却在灯火阑珊处。

- 有人总结了学数学四境界：一题零解，即完全不会；一题一解，即学得知识点，可依葫芦画瓢；一题多解，即知识面增广，开始铺展织网；多题一解，即达到本质认知，已建立起数学思维。

- 谚语：条条大路通罗马（All Roads Lead to Rome）。

- 承认多样性让世界变得更丰富、更平衡而不是更失控，也是一种快乐。

- 《当世界年纪还小的时候》中有一段可爱的话：洋葱、萝卜和西红柿，不相信世界上有南瓜这种东西，它们认为那是一种空想，南瓜不说话，默默地长大。

- 薛定谔的猫描述的是"死""生"之外的第三类状态：死 - 生叠加态。一个盒子里有一只猫，以及少量的放射性物质。之后，猫既有可能被放射性物质伤害致死，也有可能会活下来，即猫处于既死了又活着的状态，要等到打开盒子看猫一眼，我们才能知道其生死。

- 波粒二象性：同时具有波和粒子的双重性质。爱因斯坦的光电效应理论帮助人们认识了光的波粒二象性。

● 除了多解，还有一种"半解"：一知半解。宋·严羽《沧浪诗话·诗辨》中记：有分限之悟，有透彻之悟，有但得一知半解之悟。

———————— 回头线 ————————

回味 1：让妈妈笑的 3 种方法：_____、_____、_____。

回味 2：一支铅笔的 3 种用途：_____、_____、_____。

回味 3：考试没带草稿纸的 3 种解决方法：_____、_____、_____。

26. 平 均

老子说："天之道，损有余而补不足。人之道，则不然，损不足以奉有余。"前一句是讲"天"移多补少的平均思想，后一句是讲"人"移少补多的马太效应。先复述马太效应的故事——

《圣经新约·马太福音》中记录了这样一则寓言。

从前，一个国王给他的 3 个仆人每人 1 锭银子，吩咐他们去做生意。

一些时日后，3 个仆人回来向国王汇报他们的生意情况。

第一个仆人说："您给我 1 锭银子，我用它赚了 10 锭银子。"于是，国王奖励了他 10 座城邑。

第二个仆人说："您给我 1 锭银子，我用它赚了 5 锭银子。"于是，国王奖励了他 5 座城邑。

第三个仆人说："您给我那锭银子，我一直包在手帕里，怕丢失一直没有拿出来。"

于是，国王把第三个仆人的银子收回，把它赏给了第一个仆人，说："凡是少的，就连他所有的，也要夺过来。凡是多的，还要给他，叫他多多益善。"

这种移少补多、强者越强弱者越弱的现象即马太效应。社会学家与经济学家经常用它来描述两极分化的社会现象：富人更富，穷人更穷。

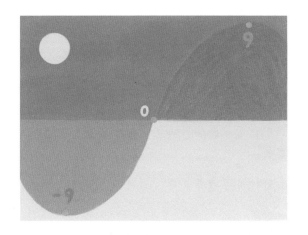

同马太效应相反的是移多补少的平均思想，孔子说"不患寡而患不均"，这与移多补少的平均思想相关——把多的移给少的，让大家一样多。

移多补少与移少补多孰是孰非先置一旁不提，提一提平均思想在小学数学中的几处应用——

平均思想是统计学的重要思想，学习平均数的计算方法，是向统计学这个大花园迈出的一小步。

浓度问题中不同溶液混合后，混合液的浓度居于原溶液浓度之间，其中即包含着平均的思想。

行程问题中有平均速度的概念，它可用来描述在变速的行程中，研究对象整体的运行情况。

生活中有一处平均现象：一家人生活在一起，饮食口味、说话方式、作息习惯会慢慢趋同。据说，在器官移植手术中，除了具有血缘关系的亲属，夫妻间的免疫排斥现象是最为轻微的。

—————— 分割线 ——————

- 帕累托法则：又名二八定律、20/80 法则、关键少数法则、不重要多数法则、不平衡法则等。它由 19 世纪末 20 世纪初意大利经济学家帕累托提出，他认为：在任何一组东西中，最重要的只占其中一小部分，约 20%，其余 80% 尽管是多数，却是次要的。

- 帕累托在其《政治经济学教程》中，用英国的税收数据表明：大约 20% 的人口拥有 80% 的收入。

- 帕累托法则后来进一步被概括为帕累托分布。帕累托分布应用的一个例子：描述财富在个人之间的分布。

- 基尼系数：国际上通用的用来衡量国家或地区居民收入差距的指标。基尼系数为 1，表明 100% 的收入被一个单位的人全部占有。基尼系数为 0，表明居民之间的收入分配绝对平均。基尼系数越大，表明财富分配越不均。基尼系数过大容易产生社会动荡等问题。

- 1968 年，美国科学史研究者罗伯特·莫顿提出"马太效应"以概述一种社会心理现象：相对于那些不知名的研究者，声名显赫的科学家通常得到更多的声望，在一个项目上，声誉也通常给予那些已经出名的研究者。他归纳到：任何个体、群体或地区，在某一方面获得成功和进步，就会产生一种积累优势，有更多的机会获得更大的成功和进步。

- 破窗效应：一个房子的窗户破了，如果没有人去修补，不久后其他的窗户也会被人打破；一面墙出现一些涂鸦，如果没有被清洗掉，很快墙上就布满了乱七八糟的东西；一个干净的地方人们不好意思丢垃圾，但一旦地上有垃圾出现，人们会毫不犹豫地丢抛垃圾，不觉羞愧。

- 任何"平均值定律"严格来说讲都是大数定律，但大数定律不能被用来声称过去的结果会影响最近的未来。例如：彩票中每个数出现的可能性是均等的，但 100 次都没有出现 0，并不会增加 0 下一次出现的概率。据说，在意大利，彩票数 53 连续有两年多没有出现过。

- 大数定律：指在随机试验中，每次出现的结果不同，但是大量重复试验出现的结果的平均值几乎总是接近于某个确定的值。（原因是，在大量的试验中，偶然因素产生的个别差异会互相抵消，从而使现象的必然规律呈现出来。）

- 瑞士数学家雅各布·伯努利于1713年完成了大数定律的证明，在其发表的《猜测的艺术》中，雅各布·伯努利批注：只要能持续不断地观察所有事件，直到天荒地老，则世界上所有事情都会以固定的比发生，就算发生让人最感意外的事件，我们也会把这起事件认定为一种既定的宿命。

- 雅各布·伯努利去世后，他的墓碑上雕刻着一条对数螺线，和这样一段铭文：纵使变化，依然故我。

- 古埃及的皇家测量员会通过数骆驼的步数来测量城市之间的距离，因为骆驼的步伐不会忽大忽小，它以步伐均匀稳健而出名。

- 电视剧《芝麻胡同》中有一处情节：夏收时，学生被委派去检测小麦储存囤的温度。检测方法是将头部附有温度计的杆子插进粮食囤的中间部位，因为粮食囤中间部位的温度能反应小麦内部温度的平均水平。

- 温度计刻度的定标原理：在1标准大气压下，将温度计置于冰水混合物中，此时在水银柱高度处标记0摄氏度；将温度计置于沸水中，此时在水银柱高度处标记100摄氏度；然后将其间长度平均分作100份，每1等份为1摄氏度。

- 均值回归：指股票价格、房产价格等社会现象及自然现象中，当价格高于或低于均值时，都会以很高的概率向均值回归的趋势。

————————回头线————————

回味1：强者越强、弱者越弱的现象叫作_____。

回味2：最重要的占20%，次要的占80%，这个法则叫作_____。

回味3：等质量的纯酒精与纯水混合，混合后的浓度为_____%。

27. 借　还

　　《山海经》记录的神怪异兽中，有一种毅力惊人的鸟——精卫。精卫鸟由炎帝的小女儿女娃化身而成，因溺东海而亡，故衔西山之木石，誓埋东海。自此多了一个成语故事：精卫填海。世界故事多如繁星，远近自有相似处，今天故事的主角与精卫的名字相近，叫作丁谓。他智力与行动力惊人，他没有参与填埋东海，他填的是水渠——

　　故事发生在童话故事常选用的背景：宫殿。只是这个故事并非虚构的童话，它是一个真实的历史故事。

　　北宋时期，皇城失火，宫殿焚毁，宰相丁谓受命修复皇宫。

　　这是一个超级大的工程，不比三五邻居合作修筑民舍，它所涉及的石工、土工、木工不计其数，所耗费用以亿万计。但征工集员虽属大动作，就工作难度而言还属其次，最大的难题是做好统筹规划，合理调度，在规定的时间内，高效高质地重修宫殿。

　　面对一片废墟，丁谓发现：最耗时耗力的问题有三。

　　①挖取新鲜泥土烧制砖瓦，运至皇城。

　　②采集建筑所用石料、木材，运至皇城。

　　③将已焚毁的建筑废料运离皇城，择地放置。

　　宰相肚里能撑船，撑船的水叫"才华"。才华横溢的丁谓设计了一个精妙的方案。

　　①从宫殿出发凿街道成巨堑，取泥土烧砖制瓦。

　　②决汴水入沟堑成渠，引竹木船筏入渠，水运石料木材。

③诸事毕，以废弃瓦砾灰壤填入渠中，复原街道。

这"一借一还"的操作，一举而三役济（取土、运材、处理垃圾），省人力物力无穷、财力亿万。遂成历史佳话，为后人仰叹。

数学中，也有不少"借还"——

和差倍问题中，面对比整倍多（3倍多5）或比整倍少（3倍少5）的情况，可以通过借走或借来一些，使量与量成整倍关系，便于处理。

几何问题中，面对不规则图形，可借一块给它（补的操作），使之成为易于计算的规则图形。然后，再让它将所借部分还回来（排除的操作），求得原图形的面积。

计算中，求公比为2的等比数列的和时，例如：1+2+4+8+16+32=？可先借给它一个最小项1，将1加在首项，然后使其像多米诺骨牌一样，前项不断累积成后项，得和为最大项的2倍，即64。最后，让其还回所借的1，得结果为63。

智巧趣题中，经常听到这样的问题：如果3个空瓶可换1瓶可乐，那么一个人如果买了10瓶可乐，最多可以喝掉几瓶可乐？此题也可利用借还的操作设计最值方案。

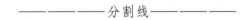
—————分割线—————

- 精卫填海的故事在向大海陈述一个道理——用《无间道》的台词描述：出来混，迟早是要还的。

- 沈括《梦溪笔谈》中记录丁谓修宫的原文是这样的：祥符中（1015）禁火，时丁晋公主营复宫室，患取土远，公乃令凿通衢取土，不日皆成巨堑，乃决汴水入堑中，引诸道竹木排筏及船运杂材，尽自堑中入至宫门。事毕，却以斥弃瓦砾灰壤实于堑中，复为街衢。一举而三役济，计省费以亿万。

- 有一个分马的小故事，讲的是借还的操作，版本很多，其一如下：有一位阿拉伯富商立下分马的遗嘱——大儿子得二分之一，二儿子得三分之一，三儿子得九分之一。已知马有17匹，不可伤害马匹，该如何依遗嘱分马？

- 计算起源于对整数的操作——摆弄小石头。凑整也一直是计算中的重要内容，其中即包含着借还的思想。例如：$9+99+999=?$ 先借1给每一个数，使它们变"整"：$10+100+1000=1110$，然后再让其还回所借的3个1：$1110-3=1107$。

- 第二次世界大战之后发展起来的分期付款，使用了借还的操作：先借一大笔钱，再慢慢小笔小笔地偿还。

- 投我以木桃，报之以琼瑶。情谊是在借还的操作中不断强大深化起来的：在自己困难的时候借别人的帮助，在别人困难的时候还以援手。

- 有位喜欢借宿的匈牙利数学家保罗·埃尔迪希（1913—1996），他有数学天分，有许多职位邀约，但他选择做一个逍遥的学者。他常常出现在朋友或合作的数学家门口，然后在他们家住上几天，住到解开一个数学问题为止，然后前往下一个住所、大学或者国家。

- 据说，保罗·埃尔迪希的人生格言是一个新住所，一种新证明。当然，他也有其他格言，例如：个人财产是个累赘。他生活十分节俭，总是很快将演讲得来的钱转手——只借不索还的赠予或资助。

- 埃尔迪希系数：埃尔迪希一生与 485 人合作发表过论文，超过历史上任何一位数学家，他的人际网衍生出了埃尔迪希系数——与埃尔迪希本人合作的数学家，埃尔迪希系数计为 1；与 "1" 合作的数学家，埃尔迪希系数计为 2；与 "2" 合作的数学家，埃尔迪希系数计为 3；以此类推……

- 历届诺贝尔化学奖中，与催化剂相关者约占总数的 15%。催化剂是借还思想在化学中的一个应用：在化学反应过程中，催化剂改变反应速率，但本身的质量与化学性质在反应前后不发生改变。原样参与，原样离开。

- 《基督山伯爵》的复仇故事是借还思想在小说中的一个应用。受无妄之灾只是故事的开始，故事尚有后招——复仇。

- 苏秦前受家人倨傲后散千金赐宗族，韩信受屠中少年之辱而后赞之壮士，李广忍霸陵尉之呵而后军中斩之。借之以辱，而后德直报之，起伏跌宕的借还节奏是故事性丰富的重要保障。

- 藏族歌谣中有词：当雄鹰飞过的时候，雪山不再是从前的模样，因为它翅膀的阴影，曾抚在石头之上。雄鹰飞来、离去，算是雪山的完美借还操作吧。

—————— 回头线 ——————

回味 1：丁谓曾任_____朝宰相。

回味 2：上文 "3 个空瓶换 1 瓶可乐" 的问题中，可乐最多可喝___瓶。

回味 3：检索资料，了解分马小故事的操作，可知最终大儿子分到了___匹马。

28. 逐步满足

先讲一位学霸的小故事——

蒋百里（1882—1938），16岁时考中秀才，23岁时以第一名的成绩毕业于日本陆军士官学校，为民国时驰名海内外的军事学家。

回到中国后，蒋百里将军曾任保定陆军军官学校校长——抗日战争中，中国军队的高层指挥官很多来自保定陆军军官学校，他们浴血奋战，为中华民族的抗战胜利做出了伟大的贡献。

蒋将军任保定陆军军官学校校长时，曾给学生们提过一个问题：如何在敌我双方装备相当的前提下，一个人打十个人？

…………

开放性的问题自然有开放性的答案。蒋将军的方案是——一个一个打。

一个一个打，即集中优势兵力各个击破的想法。《游击队之歌》里唱道："我们都是神枪手，每颗子弹消灭一个敌人……"看来这种一个一个消灭敌人的战斗方式很流行。

战场上是人与人对战，数学中是人与数学题对战。遇到复杂问题时一个个地解决、一步步地解决，这种逐个满足法、逐步满足法在数学中多处可见。例如——

使用假设法解决鸡兔同笼问题时，发现假设的情况与实际的情况有差异，进而进行调整，逐步调整，逐步靠近正确答案。

解决数论中的"物不知数"问题时，使用枚举的方法逐个枚举被除数，逐步满足每个带余除法的余数要求。

求几个数的最小公倍数、最大公因数时，可使用枚举法，通过从小到大或从大到小的顺序，逐个枚举每个数的倍数、因数，寻找最小的公倍数、最大的公因数。

列竖式进行加、减、乘计算时，由低位到高位逐位计算。懂得这个规则，再大的数在竖式计算中都不再具有威胁力。

递推法解决数学问题，通常即由小到大、由少到多逐步分析、寻找规律。

定义新运算的数学问题中，如果出现多个运算符号，可以考虑一个算符一个算符地处理，一个算符一个算符地逐个计算。

数学问题中有逐步满足法，它当然也不只应用于此，生活中也常见。去公园赏景，春水微波粼粼，曲径花开处处，无有不好。从哪儿入眼呢？逐个满足、逐步满足好了，一眼一眼地观看，一处一处地研究，一美一美地欣赏——怕什么真理无穷，进一寸有一寸的欢喜。

———————分割线———————

- 蒋百里是军事理论家，虽是文将军，但有军人的刚烈性情。其任保定军官学校校长时，曾当着数千师生之面，正对自己的胸膛开过一枪——相传是因为对当时军政环境失望，蒋百里校长认为自己应该做到的事没有做到，该当众承担责任。

- 蒋百里与冯玉祥谈兵时曾建议多修高级公路，理由是我国内地没有橡胶资源，轮胎只能依靠进口，进口渠道一旦被切断，作战的后勤能力将会受到严重影响。修好公路可以减少轮胎磨损，增强作战的后勤能力。后来果然如蒋将军判断，战争中轮胎匮乏，致使战役所需物资补给困难，出现"一滴橡胶一滴血，一个轮胎一条命"的说法。

- 蒋百里的三女儿是蒋英，蒋英的丈夫是钱学森，钱学森被称为中国航天之父、中国导弹之父。

- 蒋百里与徐志摩为亲族。蒋百里曾一度受牵连入狱，性情中人徐志摩做的事是带着行李去南京，陪蒋百里一起坐牢。

- 蒋百里的一位侄子是金庸，"飞雪连天射白鹿，笑书神侠倚碧鸳"的金庸。

- 金庸《鹿鼎记》中有一处情节：韦小宝去偷吃原本备给皇帝食用的甜点，他的吃法不是一次把一盘吃光，而是每盘吃一点儿，然后把每盘剩余的甜点重新摆盘，让它们看起来就像没有被动过一样。

- 《浮士德》中有这样的话：你不能整个地破坏一个物体，故从细小处开始一点一点地干。

- 核武器的研究制造是逐步完成的，先制造原子弹，再制造氢弹。原子弹利用的是核裂变原理，氢弹利用的是核聚变原理。氢弹中有原子弹，因为核聚变需要核裂变时产生的能量。

- 笛卡儿写过这样的话：把所要研究的问题范围分成许多个小部分来解决……

- 哥德巴赫猜想（1+1=2）是逐步推进证明的——

1920 年，挪威数学家布朗证明了"9+9"……

1956 年，中国的王元证明了"3＋4、3＋3、2＋3"……

1962 年，中国数学家潘承桐、苏联的巴尔巴恩证明了"1＋5"，王元证明了"1+4"……

1966 年，中国数学家陈景润证明了"1+2"。

- 3D 打印机，是通过一层层地逐层打印（像一层层地用砖块砌墙），最终获得 3D 成品。

- 利用微积分中的积分来求取图形的面积、体积，即通过对微量的逐步累积求和来实现的。

- 魏晋数学家刘徽在《九章算术注》中引入了"割圆术"，即一种逐步满足的操作方法——用圆内接正多边形去逼近圆：割之弥细，所失弥少，割之又割，以至于不可割，则与圆合体而无所失矣。

- 马斯洛需求层次理论包括 5 层：生理需求、安全需求、社交需求、尊重需求、自我实现需求。它们像阶梯一样由低到高成列。人历经这 5 个过程，不断进步、逐层满足。

- "一口吃不成胖子"，人都是一口接一口地逐步吃成胖子的。

———————— 回头线 ————————

回味 1：一个数除以 5 余 3，除以 8 余 1，这个数最小是_____。

回味 2：马斯洛需求层次理论中，最高层需求是_____。

回味 3：最想看（喜欢）的金庸作品是_____。

数学家

29. 泰勒斯

古希腊数学家泰勒斯的故事中，有这样几个流传比较广且十分响亮——

故事一

泰勒斯来到埃及时，埃及法老阿美西斯请他帮忙确定胡夫金字塔的高度。他在阳光下散步的时候突然发现：一天中不同的时候，他影子的长度是不同的。他由此推理：当自己影子的长度与自己的身高相等时，金字塔影子的长度也应该与金字塔自身的高度相等。

故事二

亚里士多德讲过这样一则故事：泰勒斯为了回击"聪明不能带来财富"的讥讽，他利用掌握的农业知识、气象资料判断出橄榄将大丰收，于是低价收购该地区所有的榨油机，当橄榄确如他所料大丰收后，再高价出租榨油机，收割巨额财富。

故事三

柏拉图讲过这样一则故事：泰勒斯走在路上仰观天象，不小心掉进井中。恰好路过的小女孩发现了被困井中的泰勒斯，笑问他：近在足前咫尺的事都看不见，远在天上的事又怎么能知道呢？这则故事有不同的解释性版本：泰勒斯故意进入井中，这样井壁可以阻挡一些光亮，方便他观测天上的星星。

故事四

一位运盐商找到泰勒斯，向他陈述一件奇怪的事：他的一只运货驴子每当过河的时候都会摔倒，但医生没有检查出它的腿脚有什么毛病。摔倒的原因究竟是什么呢？泰勒斯分析后认为，原因是"懒"——驴子在河中摔倒后，河水溶化它背上的盐，可以减轻它的负担。于是泰勒斯用海绵代替待运货物盐，根治了驴子过河摔倒的病症。

这些故事都属于传说，真实性自然有待商榷，姑且先体会它们的趣味性吧。

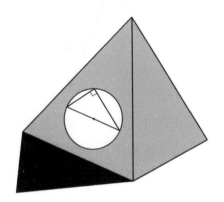

讲罢真实性值得商榷的故事，再来一些靠谱性高一些的生平信息吧。

泰勒斯（约公元前 624—公元前 546），虽然他的出生日期在历史上存在争议，但他确是我们已知姓名的最早的数学家。

他住在位于小亚细亚的爱奥尼亚海岸上的米利都，今土耳其亚洲部分西海岸门德雷斯河口附近。相传，诗人荷马和历史学家希罗多德都是他的同乡。他所创立的米利都学派，是最早的哲学学派。

泰勒斯曾游历古埃及和古巴比伦，在那儿学习了数学、哲学、天文学，学会了用几何技术测量距离的方法、六十进制记数系统等。

泰勒斯提出利用相似三角形来确定海上船只到岸边的距离，方法如下。选岸边的 A 点、岸上的 B 点，从两点观察海中的船只 C。再选择 D 点，

使得角 *CAD*、角 *BDA* 都为直角。连接 *BC*，与 *AD* 交于点 *O*，则三角形 *AOC* 与三角形 *DOB* 相似。测量岸上线段的长度，借助相似可求出船只 *C* 到岸边 *A* 点的距离。

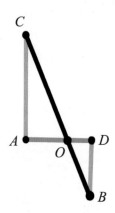

泰勒斯将几何研究从埃及引入希腊，但当古埃及人和古巴比伦人在针对具体问题求解时，泰勒斯开始利用具体例子推理出通行准则，这标志着人们对客观事物的认识从经验上升到了理论。

泰勒斯最著名之处在于：引入命题证明的思想，即借助公理和真实性已经得到确认的命题来论证其他命题。这开启了论证数学之先河，所以泰勒斯不仅是第一位数学家，还是论证几何学的鼻祖。

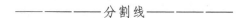

————— 分割线 —————

● 泰勒斯被认为是古希腊七贤者之首。七贤者包括——

①米利都的泰勒斯。他说过：水是最好的，成功是最令人愉快之事，认识自己是困难之事，有健康的身体、机智的头脑、驯良的天性的人是幸福的。

②雅典的梭伦。他是政治家、改革家、立法者，也是诗人。他说过：作恶的人每每致富，而好人往往受穷，但我们不愿把我们的道德和他们的财富交换，因为道德是永远存在的，而财富每天都在换主人。

③斯巴达的奇伦。听说他沉默寡言，但有格言流传：注意你自身的安全；不要让你的舌头超越你的思想；保守机密，善用闲暇，忍受创伤。

④普里恩的毕阿斯。他能言善辩，好为穷人打抱不平，名声很好。他的格言：人多手脚乱；挣钱的工作最使人快乐。

⑤林度斯的克莱俄布卢。他的格言：重要的不在于逃避惩罚，而在于逃避罪恶；与其做一个空谈家，不如做一名听众；开玩笑时不要嘲笑别人，否则的话会引起别人的嫉恨；凡事取中庸之道。

⑥米蒂利尼的庇塔库斯。他是政治家和军事领导人。当有人对他说必须找到一个好人的时候，他警告说：如果你找得太仔细，你就永远找不到。他还说：最好的家是，必需的都有，所需的正够。

⑦科林斯的佩里安德。他因为被父亲藏在柜子中以避免被追杀而得名"柜中子"。他说人生有三大难：第一是赢得荣誉，第二是在世一天保持一天的荣誉，第三是死后留下好名声。

- 相传，泰勒斯证明的定理包括——

  ①直径平分圆；

  ②等腰三角形的底角相等；

  ③两直线相交，对顶角相等；

  ④相似三角形的对应边成比例；

  ⑤判断全等三角形的角边角定理；

  ⑥泰勒斯定理。

- 第一个以数学家的名字命名的定理——泰勒斯定理：半圆形所对应的圆周角是直角。

- 毕达哥拉斯师从哲学家阿那克西曼德，阿那克西曼德是泰勒斯的学生。

- 泰勒斯认为：阳光蒸发水分，雾气从水面上升形成云，云又转化为雨，因此水是万物的本质——万物源于水。

- 泰勒斯认为：地球是一个圆盘，漂浮在水面上。

- 泰勒斯推理：如果海浪可以使船前后摇摆，那么陆地下面的海洋的波浪不断从下面反推，也会使地面震动。

- 泰勒斯阅读古巴比伦天文学家多年来保存的记录，准确地预测出了一次日食。

- 泰勒斯提出了一个新的星座：小熊星座，它也被称为"小北斗"。他建议水手们依靠这个星座来指引他们的航行。这个星座由 7 颗恒星组成，其中包括天空中最亮的星星之一——北极星。

- 泰勒斯是第一个将一年的长度修订为 365 日的希腊人。

- 泰勒斯估量过太阳及月球的大小。

- 泰勒斯发现：琥珀摩擦可产生静电。

—————— 回头线 ——————

回味 1：古希腊数学家泰勒斯住在＿＿＿＿＿＿＿＿＿。

回味 2：泰勒斯测量出了＿＿＿＿＿＿＿＿＿的高度。

回味 3：半圆形所对应的圆周角是＿＿＿＿＿＿＿＿＿。

30. 毕达哥拉斯

数学家常有，以数学为宗教般信仰者少有，毕达哥拉斯学派是少有者中的精英——

毕达哥拉斯（约公元前570—公元前495），出生于距泰勒斯家乡不远的地方——繁华的海港和学习中心萨摩斯岛。他的父亲墨涅撒尔库斯是一位商人。

从泰勒斯、亚当·斯密到梁思成，古今中外文理工，做学问者周游世界汲取诸国文化精华，是有经济支持或贵族青年的传统选择。毕达哥拉斯不是例外，泰勒斯是他近前耀眼的精神明星，父亲是他脚下厚实的经济基础，外出游学可以顺理成章地说走就走。

他先来到米利都，成为泰勒斯的学生阿那克西曼德的学生。之后离开米利都独自一人游历到古埃及，在那儿学习古埃及人的数学，一学10年。之后，他在古埃及沦为波斯人的俘虏，被掳到古巴比伦，于是毕达哥拉斯就在那里住了5年，且学习到了更先进的数学知识。再后来，他去到意大利南部的克罗顿，在那儿娶妻生子、开宗立派。

毕达哥拉斯学派成立了。

这个学派是一个秘密团体，既像学术组织，又近似宗教社团，它有着严格的学派纪律和坚定的信仰——

①他们信仰轮回之说，认为人死之后会转世为不同的动物。所以他们爱护动物，食素，不穿皮草。

②他们不吃豆类，也不触碰白色公鸡。他们认为这两者是神圣的象征。

③他们推崇慷慨和平等，他们分享财富，允许女性平等地参与到他们的学习和教授中。

④他们鼓励温柔敦厚、简行勤学。

⑤他们遵循普通而简单的养生之道，旨在加强精神和身体的锻炼。他们用运动保持身体健康，用静思净化心灵。

⑥五芒星是他们学派的象征。

⑦他们花很大一部分时间来讨论和学习数学，他们认为这才是学习的精髓。

毕达哥拉斯的结局有很多版本。公元前500年左右，在毕达哥拉斯的学校被愤怒的克罗顿居民烧毁后：①他死于这场火灾；②他从火海逃脱，被人追赶到一片豆田前，因为不愿意践踏神圣的豆类植物而被捉命终；③他从火海逃脱，在附近的马塔波顿城度过了生命的最后时光。

毕达哥拉斯学派相信整个宇宙都是以整数建立的，对他们而言，数学不仅仅是一种知识，更是他们的哲学核心与信仰。

毕达哥拉斯学派的一些数学成就——

①毕达哥拉斯定理（即勾股定理）：毕达哥拉斯曾用诗歌来描述该定理——斜边的平方/如果我没有弄错/等于其他两边的/平方之和。

②引入一些特殊数的概念：奇数、偶数、素数、完全数、盈数、亏数、亲和数。

③发现了一些数组：三角形数、正方形数、长方形数、毕氏三元数（即勾股数）。

④柏拉图多面体：虽然毕达哥拉斯学派已经将正多面体的理论发展得很完善，但他们没有给 5 个正多面体命名。直到 150 年后，古希腊哲学家柏拉图才在他的著作《蒂迈欧篇》中给出命名——正四面体、正六面体、正八面体、正十二面体、正二十面体。

⑤无理数：这一定是非常痛苦的发现，因为毕达哥拉斯学派初始认为，所有数都是整数或整数的比。无理数的存在颠覆了他们自己的思想与信仰，相传希帕索斯因提出此发现而被溺死。

⑥黄金分割：五芒星中存在黄金分割比例，毕达哥拉斯认为这个比例是所有比例中最美丽的。

⑦确定了计算任何一个多边形内角和与外角和的方法。

⑧证明了平面可以用正三边形、正四边形或正六边形填满——后来的镶嵌几何学严格推导出：不可能用其他的正多边形来填满平面。

毕达哥拉斯认为数乃神的语言，他认为：我们生活的世界中的多数事物都是匆匆过客，随时会消亡，唯有数和神是永恒的。现代是大数据时代，毕达哥拉斯的判断是在逐步应验吗？

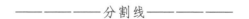
————分割线————

● 泰勒斯的父母都来自贵族家庭，毕达哥拉斯的父亲是一位商人，斐波那契的父亲是一位官员。这是经济基础助力上层数学建筑的连环佐证呀。

● 毕达哥拉斯认为人分 3 类：最底层是做买卖的人；其次是参加奥林匹克竞赛的人；最高层是旁观者，即所谓的学者、哲学家。

- "哲学"这个词由毕达哥拉斯所创，意思是爱智慧。

- "数学"这个词由毕达哥拉斯所创，意思是可以学到的知识。

- 在中世纪，毕达哥拉斯被视为四艺——算术、几何、音乐、天文学——鼻祖。

- "万物皆数"是毕达哥拉斯的哲学观点，他认为世界的基本属性是数，每个数都有其特别的性质，这些性质决定了世上一切事物的特质和表现。

  ① "1"不能简单地认为是一个数，它体现了所有的数的特质。

  ② "2"代表了女性以及观点的差异。

  ③ "3"代表男性和认同的和谐。

  ④ "4"可以形象化地理解成一个正方形，它的 4 个角和 4 条边都相等，代表平等、公正、公平。

  ⑤ "5"是 3 和 2 的和，代表了男人和女人的合作，也就是婚姻。

  ⑥ "10"是一个神圣的数，因为它是 1、2、3、4 的和，这 4 个数正好定义了这个物理世界的所有维度：1 个点代表零维度，2 个点确定了一条一维的线，3 个点确定了一个二维的角，4 个点确定了一个三维的立体锥体。

- 毕达哥拉斯被认为是数论及算术性质研究的奠基人。

- 毕达哥拉斯第一个证明了毕达哥拉斯定理。传说他证明成功后，抱着哑妻西雅娜大声喊道：我终于发现了！

- 毕达哥拉斯证明毕达哥拉斯定理的方法：以直角三角形的 3 条边为边长作 3 个正方形，大正方形的面积等于另外两个正方形面积的和。

- 毕达哥拉斯学派没有意识到，毕达哥拉斯定理不仅适用于斜边上做出的正方形，还可以是任意正多边形或半圆。当选择半圆时，结合泰勒斯定理，可以很方便地解释希波克拉底定理（月牙定理）。

- 毕达哥拉斯定理在中国即勾股定理。

- 古巴比伦人早发现了毕达哥拉斯定理，他们的表达方式是，对任意一个奇数 n，以 n、$\dfrac{n^2-1}{2}$、$\dfrac{n^2+1}{2}$ 为边长组成的三角形必然是直角三角形。

- 毕达哥拉斯发现了一些构成音乐理论基础的数学比例，并且认为这样的比例在天文学中也同样存在。

● 毕达哥拉斯计算发现：月球、水星、金星、太阳、火星、木星、土星这七大天体与地球之间的距离的比例恰好与 A 到 G 这 7 个音阶的比例相等。所以他认为，行星通过在宇宙中运动，可产生一种自然的和谐音乐，他称之为"天体和声"或"天体音乐"——后来科学家发现这个理论是错误的。

● 毕达哥拉斯通过观察月全食时地球投到月球上的影子判断：地球是一个球体。此外，他还判断地球沿着自己的轴进行自转，启明星和黄昏星是同一个天体。

——————回头线——————

回味 1：毕达哥拉斯定理在中国被称为＿＿＿＿＿＿＿＿＿＿。

回味 2：毕达哥拉斯学派的象征性几何图形是＿＿＿＿＿＿＿＿＿＿。

回味 3：柏拉图多面体共有＿＿＿＿＿＿＿＿＿种。

31. 欧几里得

《道林·格雷的画像》喻示了一种事实：作品比作者更真实有血肉。《几何原本》与欧几里得的关系即如此。《几何原本》是有血有肉的真实存在，欧几里得其人是否真实存在则不可说。

第一种说法——

公元前325年，欧几里得出生于地中海东端的大城市泰尔（今黎巴嫩境内），他的父亲是诺克拉底斯。

后来他来到希腊的首都雅典，成为柏拉图学院的学生——柏拉图学院盛行学习数学，许多数学家都出自这所学校。

再后来，约公元前300年，欧几里得来到埃及的亚历山大城，在那儿度过了人生的最后时光。

第二种说法——

公元前332年，大帝亚历山大征服埃及，在开罗西北方约200千米处建起亚历山大城——相传大帝亚历山大派遣了最好的建筑师设计这座城市，并亲自监督实施。

亚历山大城有座宏伟的图书馆——亚历山大图书馆。其由亚历山大及他的继承者托勒密建造而成，它的存在是为了收集世界上所有的书籍。凡有学者来到亚历山大城，都会将随身携带的书籍交于图书馆，图书馆抄写员会依此制作手抄本，然后将手抄本存于图书馆内。

据说馆中所藏纸草书超过50万册，包罗万象。

欧几里得就出生在这儿，工作、学习也都在这儿，并最终成为这儿的一名数学教授——欧几里得被称为亚历山大学派的欧几里得。

第三种说法——

亚历山大图书馆后被盖乌斯·尤利乌斯·恺撒的士兵烧毁，原版《几何原本》也已失传。后人使用的版本来自阿拉伯文的转译。与欧几里得个人相关的一切，也全来自阿拉伯文的记载。

阿拉伯文中，欧几里得的名字直译为"测量的关键"。

《几何原本》以几何内容为主，而几何学又源自土地的测量，所以有学者认为：欧几里得是根本不存在的人物，它只是一群数学家结集出版作品时根据作品内容拟定的一个笔名。

历史的真真假假已没那么重要，事实是作品成为经典，作者成为传奇，他们互相成就了对方。

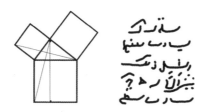

《几何原本》用尽可能少的基本命题，通过逻辑证明的方法，引申出了初等数学的所有内容。它共 13 卷，包括公理、公设、定义、命题；按内容可分为 3 个部分：平面几何、数论、立体几何。

第 1 ～ 6 卷　平面几何

第 1 卷包括全等三角形的定理、尺规作图、毕达哥拉斯定理的证明。

第2卷主要是代数知识在几何中的表现，包括乘法分配律、平方展开式。第3、4卷的主要内容是关于圆的几何知识。第5、6卷介绍了相似多边形的理论。

第7～10卷　数论

第7卷讨论了比例、因数以及整数的最小公倍数的知识。第8卷描述了几何级数方面的结论。第9卷讲述了奇数、偶数、完全数、素数的一些理论。第10卷从几何角度列出了关于无理数的115条定理。

第11～13卷　立体几何

第11卷主要讲通过一个点做一个平面的垂线的方法，以及用这个方法做一个盒子状的平行六面体的方法。第12卷介绍计算锥体、圆柱体、球体等立体图形的体积的方法。第13卷是关于5种正多面体的定理。

《几何原本》中几乎所有的定理、证明方法在欧几里得之前就已经为人知晓。欧几里得的贡献在于：他运用超常的判断力和洞察力，将已知材料做了整理和系统的阐述，使得每一个定理都与以前的定理在逻辑上保持一致。他用《几何原本》确定了几何学研究的基本定理和基本方法。

欧几里得因为《几何原本》的成就而被尊称为"几何学之父"。

——————分割线——————

- 相传，欧几里得给学生发过钱。他的学生问他"学习数学能够得到什么"，欧几里得就让仆人发给学生一枚硬币，以嘲笑他。

- 相传，毕达哥拉斯也给学生发过钱。毕达哥拉斯开宗立派时，虽想将他的学问和思想传授给他人，奈何没有学生。于是他花钱雇了一个小男孩听他讲课。小男孩来听一天课，他付给小男孩一天报酬。

- 每个证明过程的结尾，欧几里得都会写上3个单词，翻译成汉语即"命题得证"。拉丁语中这几个单词被翻译成"quod erat demonstrandum"。现在很多数学家在他们证明的结尾，仍会写上这个拉丁文词组的缩写：QED。

- 《几何原本》的第五公设即平行公设：给定一条直线和直线外的一个点，只能有一条直线通过这个点而不与给定的直线相交。

- 以《几何原本》的5个公设为基础的几何体系被称为欧氏几何。当数学家们拿不同的公设取代第五公设时，就创造出了一个崭新的数学体系：非欧几何。

- 德国数学家格奥尔格·黎曼、俄国数学家尼古拉斯·罗巴切夫斯基、匈牙利数学家雅诺什·鲍耶、德国数学家卡尔·弗里德里希·高斯都研究过非欧几何。

- 非欧几何中，三角形的内角和可以不等于180度。

- 《几何原本》第7卷中谈到求取最大公因数的"欧几里得算法"。

- 欧几里得算法在中国被称作"辗转相除法"，其简单逻辑为（大数，小数）=（小数，余数），辗转重复使用，求得最大公因数。其中所述的余数指大数除以小数后所余的数。

- 秦九韶在大衍术中使用了辗转相除法。

- 《几何原本》第9卷中记录了算术基本定理。

- 算术基本定理（也称"唯一分解定理"）：任何一个大于1的自然数都可以分解成若干素数的乘积（存在性），并且在不计次序的情况下，这种分解方式是唯一的（唯一性）。

- 《几何原本》第9卷中巧妙地证明了素数有无穷多个。

- 托勒密国王曾问欧几里得学习几何有没有一种更容易的方法。欧几里得回答：几何无王者之道。翻译成现在的语言就是，学习几何没有捷径。

- 欧几里得在书中没有提到过一个正方形的面积是其两边长乘积的结论，这一结论在很久以后才被提出。

- 亚里士多德、丢番图都曾在亚历山大城学习过。

- 明朝徐光启与意大利传教士利玛窦翻译了《几何原本》的前6卷，清朝李善兰与英国传教士伟烈亚力完成了其后部分。

● 《几何原本》的名字译自徐光启之手，其原名为《原本》（*Elements*）。

● 古希腊文本多半写在纸莎草纸上，纸莎草纸的寿命很短，一般很难保存数十年，所以文本的延续与保存主要靠誊写。

—— —— —— 回头线—— —— ——

回味 1：《几何原本》的作者是_____。

回味 2：《几何原本》的第五公设又被叫作_____。

回味 3：《几何原本》的名字是由明朝数学家_____翻译得来的。

32. 阿基米德

《格调》分析了贵族的一些行为特点，其中一项为遵循不实用原则。

阿基米德出身于上流社会，父亲是天文学家菲迪亚斯，朋友是叙拉古的统治者赫农王，学生是小王子，铁铁的贵族，属于毕达哥拉斯所定义的那种：不计经济得失、不耗体力竞争的最高层——旁观者。作为贵族，阿基米德虽然轻视实用，却又是很多实用机械与方法的发明者——

为方便河岸的农民从尼罗河取水，阿基米德发明了一种水泵：水螺旋——将巨大的螺旋形物体置于圆桶中，圆桶的一端浸入河水，另一端的螺旋连接曲柄，通过旋转曲柄将水从河中抽出。

"给我一个支点，我能撬起整个地球"，这是阿基米德研究过杠杆后吹过的"牛"。他也精通滑轮设备的使用。相传，他利用杠杆和滑轮：以一人之力移动了一艘三桅大帆船，设计出可以抛出227千克重巨石的抛石机，可以探到城墙外抓起一艘船的巨型起重机。

为在战场实战中占据优势，阿基米德设计了可同时发射多支箭的机械，可聚焦阳光以烧毁敌人帆船的光学武器。

他最富流传性的事迹，当数记载在古罗马建筑学家维特鲁威的《建筑十书》中的皇冠故事：国王希望阿基米德判断工匠打造的皇冠是否为纯金。阿基米德在浴缸中想到了判断方法，然后兴奋地跳出浴缸，一丝不挂地奔跑到叙拉古的街道上，高喊着：尤里卡，尤里卡！——我发现了，我发现了！其非凡的洞察力可见一斑。

研究抽象数学以到达知识殿堂是柏拉图等哲学家所宣扬的。阿基米德却从现实世界的实验中探寻到智慧与真理，直入知识殿堂，席地成"神"。

π=3.1408~3.1429

阿基米德对机械学的贡献固然巨大，但这些发明与发现相比于他的数学成就，都属"小巫"。阿基米德的数学成就无可比拟，每当评选史上最伟大的 3 位或 4 位数学家的时候，阿基米德都名列其中。仅仅是他对穷竭法的拓展应用，已配得起这名声。

公元前 5 世纪，古希腊数学家安提丰和希波克拉底创造了"穷竭法"，公元前 4 世纪，数学家欧多克索斯将其定型为一种严格的方法。阿基米德拓展它，做出了一系列研究——

①正多边形的边数越多，其越接近于圆。阿基米德利用圆的内接和外切正多边形第一次精确估算出了圆周率 π 的取值（π 也因此被称为阿基米德常数）——借助正九十六边形使 π 的取值精确到 3.1408 ~ 3.1429。

②求得曲边图形的面积——将曲边图形切割成等宽的长条，切割得越多，长条越近似长方形，所有长方形的面积和越近似曲边图形的总面积。

③在著作《抛物线图形求积法》中，阿基米德用穷竭法确定了抛物弓形的面积：弓形面积与其相应的三角形面积之比为 4 : 3。

④在著作《劈锥曲面与回转椭圆体》中，阿基米德介绍了用穷竭法计算椭圆面积的方法。

⑤在著作《圆的度量》中，阿基米德利用内接和外切多边形得出结论：如果一个三角形的高与一个圆的半径相等，底与这个圆的周长相等，则这个三角形与这个圆的面积相等，即 $S=\pi r^2$。

⑥在著作《论球和圆柱》中，阿基米德利用穷竭法的一种改进形式，

得到了计算三维物体体积和表面积的方法，包括球体、圆锥体、圆柱体等。

阿基米德与微积分只有咫尺之距，这一伟大荣誉被 18 个世纪之后的牛顿与莱布尼茨继得。

———————分割线———————

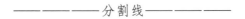

- 阿基米德（公元前 287—公元前 212），出生于西西里的叙拉古，被称为叙拉古学派的阿基米德。

- 用"姓 + 地名"来称呼一个人，中国历来有这样的习惯，像贾谊（贾长沙）、柳宗元（柳河东）、王安石（王临川）、袁世凯（袁项城）、李鸿章（李合肥）。

- 阿基米德曾在亚历山大城学习，在那里结识了师友著名数学家、天文学家科农和亚历山大图书馆馆长、数学家埃拉托色尼。因此有人也称阿基米德为亚历山大学派的阿基米德。

- 阿基米德为学生小王子写了一本科普著作《数沙术》（或称《数沙者》《沙粒的计算》），其中介绍了解决大数相关问题的方法。这为很多年后的科学计数法提供了思路。

- 有人说水螺旋早已有之，古巴比伦人就是用它来给空中花园供水的。

- 《维特鲁威人》是莱昂纳多·达·芬奇在 1487 年前后，根据维特鲁威在《建筑十书》中的描述，绘出的完美比例的人体素描作品。

- 阿基米德定律（浮力定律）：浸入静止流体中的物体受到一个浮力，其大小等于该物体所排开的流体的重量。

- 用一个尽可能小的圆柱体封住一个球体，则球体的体积是圆柱体体积的 $\frac{2}{3}$，球体表面积是圆柱体表面积的 $\frac{2}{3}$。相传，阿基米德认为这是他一生中最伟大的成就，要求后人将这两个发现雕刻在他的墓碑上。

- 罗马历史学家西塞罗在公元前 75 年写过，他找到了阿基米德的墓穴，并看到了墓碑上的雕刻：包含着球体的圆柱体，其旁刻着$\frac{2}{3}$。

- 球体的表面积等于大圆的 4 倍：$S=4\pi r^2$。球体的体积公式为 $V=\frac{4}{3}\pi r^3$。

- 阿基米德预言了日心说的宇宙模型，描述了一种计算太阳直径的方法。

- 欧多克索斯是柏拉图时代最伟大的数学家之一，"比例理论"和"穷竭法"是他的两大重要贡献。

- 2003 年，数学史学家发现了失传已久的"阿基米德胃疼游戏"。胃疼游戏的目的：计算用下面 14 个图形拼出正方形的总方法数。有 4 位数学家计算出这样的结果：17152 种。

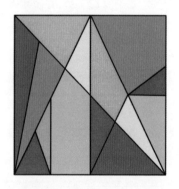

- 相传，阿基米德有超强的精神集中能力，可以随时随地投入思考：在篝火旁撒一片灰烬，便可在上作图分析问题；洗澡后在身上涂抹油膏，便可在上面绘制图形继续思考；罗马士兵持剑闯入，他仍可投入地研究数学问题。

- 相传，牛顿也是专注力极强的人，他们还有个共同之处：不注重穿着。在这一方面，埃拉托色尼可不一样：他极注重穿戴。

- 阿基米德手稿上的字曾被人擦去，稿纸重新被用于书写礼拜文句。现代人偶然发现后，利用电子技术将消去的文字加以修复，发现其中含有曾经一度认为已经失传的著作《方法谈》。

- 有人说：如果古希腊的数学家和科学家追随阿基米德而不是追随欧几里得、柏拉图和亚里士多德，那么他们可能在 2000 年前就轻而易举地进入了由笛卡儿和牛顿在 17 世纪肇始的现代数学时代，以及由伽利略在同一世纪开辟的现代物理学时代。

———————回头线————————

回味 1：阿基米德出生于西西里的_____。

回味 2：阿基米德定律又叫_____。

回味 3：球体的表面积公式为_____。

33. 埃拉托色尼

中原逐鹿，张良以三寸舌，为帝者师，封万户，位列侯。因其有"运筹帷帐中决胜千里外"之功。在科学领域，埃拉托色尼也有这般非凡的判断力。

长度测量中：长度的国际单位选米，有这样一层原因——1米的长度与人的身高属于相同的数量级。描述长度时，以人体的部位作为长度的参考标准，现实与历史中常见——手掌的宽度、小臂的长度、足的长度、迈步的距离，都曾被选作长度单位。

进制使用中：现在南美洲仍有的五进制、来自古巴比伦的十进制、玛雅人的二十进制，可能都与人体的"手脚"有关——一只手5根手指，一双手10根手指，手脚并数指、趾共20。这种推测是很有道理的：使用五进制的南美洲的某些地区称数量5为"手"。

以上两例或可说明，数学的起点是人。以人为起点，依人的标准和习惯处理周围的信息，并做出进一步的思考判断，进而应用到更大的世界中，这是一个很容易理解的认知判断过程。判断得够准确，便算具有"运筹帷帐中决胜千里外"之能啦。

能见小知大者近神人，埃拉托色尼是拥有知识与智慧的神人，下面这个简短的仿佛只是一个结论的故事是个例证——

埃拉托色尼分析了地中海（大西洋水系）与红海（印度洋水系）的潮起潮落数据，然后断定：大西洋与印度洋是连通的。

这个结论是正确的，它为15世纪末达·伽马的海上航行提供了理论依据。

埃拉托色尼的这个故事虽然不幽默也不让人瞬生热血，却是我个人超级喜欢的一段。

发生在埃拉托色尼身上，比较有故事性的，还有下面这两件事——

①提出了"埃拉托色尼筛法"。

素数是数论中的重要内容，埃拉托色尼提出了一种寻找素数的方法：如在 1~100 中，筛除 1，找到第一个素数 2；保留 2，筛除所有 2 的倍数，找到下一个素数 3；保留 3，筛除所有 3 的倍数，找到下一个素数 5；保留 5，筛除所有 5 的倍数，找到下一个素数 7。以此类推……

直到 20 世纪，有关哥德巴赫猜想的研究仍主要依赖这种方法及其变种。

②精准地测量了地球的周长。

塞伊尼（今阿斯旺）靠近北回归线，夏至日正午，太阳会直射塞伊尼，即这时井底是不会有影子的。

亚历山大城位于北回归线以北，埃拉托色尼在夏至日正午时分，通过测量亚历山大城地面上木棍的影子，得到阳光照射亚历山大城的角度，据此得出两地在地球表面形成的圆弧所对应的圆心角的大小。

结合两地的距离，利用圆心角与周角的关系，可计算出地球的周长。

埃拉托色尼计算出两地所对应圆心角的大小为 7 度，又知道塞伊尼与亚历山大城相距 5000 斯塔德（一种古代的长度单位），以此求出地球的周长。其测得值约为 4 万千米，相比于地球的实际周长而言非常准确。

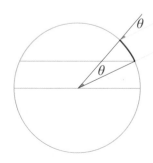

埃拉托色尼在古希腊享有极高的名声，因他的著作全部失传，现在人们对他才鲜有了解。但如约翰·伯努利对匿名投稿的牛顿的评价一样：从爪子判断，这是一头狮子。从埃拉托色尼的几个故事看，他也是一头狮子吧。

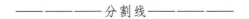
——————分割线——————

- 埃及的腕尺：1 腕尺表示从中指的顶端到手肘之间的距离。1 腕尺 =7 掌尺，1 掌尺 =4 指尺。其中掌尺即手掌的宽度，指尺即手指的宽度。

- 据说，英格兰的亨利一世国王钦定他的手臂长度为 1 码。

- 英格兰的约翰一世在签署《大宪章》时，指着他的脚印定义了 1 英尺（30.48 厘米）的长度。现在的大英博物馆中珍藏着合金制作的英王御足脚模。

- 士兵行军时，1000 步所走过的距离为 1 罗马英里。

- 国际单位制中，长度单位为米，1 米的定义为通过巴黎的地球子午线上的一小段距离。

- 从 20 世纪 60 年代开始，计量学家着手用光来定义米的长度：1 米被定义为在 1/299792458 秒的时间间隔内，光在真空中行进的路程。

- 埃拉托色尼（公元前 276—公元前 194），出生于昔兰尼（今利比亚），后去亚历山大城学习，担任亚历山大图书馆馆长直至去世。如果说亚历山大图书馆是科学与知识的中心，那么埃拉托色尼就是学术界的泰斗。

- 埃拉托色尼博学多闻，是仅次于亚里士多德的百科全书式的学者，有着"柏拉图第二"的美誉。

- 埃拉托色尼非常讲究穿戴。

- 埃拉托色尼绘制了人类历史上的第一张世界地图。

- 埃拉托色尼率先将地球分为 5 个气候带，这种划分方法一直沿用至今。

- 达·伽马（1460—1524），葡萄牙航海家、探险家。他从欧洲出发，绕过非洲南端好望角，到达印度，成为这条航海路线的开拓者。

- 地球四大洋：太平洋、大西洋、印度洋、北冰洋。

- 北冰洋汽水并非产自北冰洋，而是产自北京。

- 地球七大洲：亚洲、非洲、北美洲、南美洲、南极洲、欧洲、大洋洲，可简记为"亚非北南美，南极欧大洋"。

- 法国数学家梅森打算找到一个公式，以搜寻所有的素数。虽然没有成功，但他所开创的梅森数成为一个重要的研究课题。

- 梅森数，指形如 2^p-1 的正整数，其中 p 为素数。当梅森数为素数时，被称为梅森素数。

- 德国数学家黎曼的黎曼猜想也是研究素数分布的，他希望借助复杂的 Zeta 函数来展示全部素数。

- 现今所测量的地球周长：赤道周长约为 40076 千米。

- 中国的大小：南北距离约 5500 千米，东西距离约 5200 千米，陆地面积约 960 万平方千米，大陆海岸线长约 1.8 万千米。

———————— 回头线 ————————

回味 1：埃拉托色尼提出的筛选素数的方法被称为_____。

回味 2：最小的素数为_____。

回味 3：中国南北距离约为_____千米、东西距离约为_____千米。

34. 丢番图

古龙说：生死闲事也。今天先从半件闲事说起：古希腊数学家丢番图的墓碑上，雕刻着这样一段墓志铭——

坟墓里安葬着丢番图，多么让人惊讶，

他所经历的道路忠实地记录如下。

上帝给予的童年占六分之一，

又过了十二分之一，两颊长须，

再过七分之一，点燃起婚礼的蜡烛。

五年之后天赐贵子，

可怜迟来的宁馨儿，享年仅及父亲一半，便进入冰冷的墓。

悲伤只有用整数的研究去弥补，

又过了四年，他也走完了人生的旅途。

那么，丢番图一生共经历过几个春秋呢？

解法1：设未知数解方程。设丢番图的年龄为 x 岁，则 $\frac{x}{6}+\frac{x}{12}+\frac{x}{7}+5+\frac{x}{2}+4=x$，解得 $x=84$，即丢番图的年龄为 84 岁。

解法2：算术法量率对应。$(5+4)\div(1-\frac{1}{6}-\frac{1}{12}-\frac{1}{7}-\frac{1}{2})=84$（岁），所以丢番图的年龄为 84 岁。

解法3：数论＋枚举。年龄是整岁数，$[6,12,7,2]=84$，根据现实意义，丢番图的年龄只能为 84 岁的 1 倍，即 84 岁。

丢番图让人在墓碑上雕刻一道数学题；阿基米德让人把包含着一个球体的圆柱体刻在他的墓碑上，并在其旁刻上 $\frac{2}{3}$ 这个分数；高斯让人把正十七边形雕刻在他的墓碑上。科学家们如果都把各自重要的研究内容雕刻到墓碑上，那将其整理整理就是一部科学简史啊。

上面聊了半件闲事，接下来聊另半件闲事：丢番图被称为"代数学之父"。

在起源阶段，数学存在的目的在于解决具体问题，且几何学先于代数学建立发展。

当古埃及人与古巴伦人还在针对具体问题具体求解时，泰勒斯从具体例子出发，推理出通行准则，将数学转化成一门学科；欧几里得集几何学之大成，确定了几何学研究的基本定理和基本方法，将几何学的发展系统地推向了新的维度。

对此时的古希腊而言，几何学就是数学，即便存在代数学，也只被看作几何学的分支。

亚历山大统治后期古希腊数学的一个重要特点是突破了一切围绕几何学的传统，使代数学成为独立的学科。

代数学的发展可被划分为 3 个阶段：修辞代数阶段、简略代数阶段、符号代数阶段。

修辞代数一直在古希腊数学界占据统治地位，并且统治西方数学界直到 15 世纪，它的特点是使用文字修辞来描述数学问题。

符号代数即我们现在所熟悉的代数，它的特点是使用符号来描述数学问题。

简略代数是修辞代数与符号代数的过渡阶段，它的特点是在使用修辞手法描述代数问题时使用缩写——现在数学中的很多数学符号都来自希腊词的缩写，如 π、φ、Δ。

π——希腊语圆周、周长的首字母。

φ——古希腊雅典帕特农神庙的建筑师菲狄亚斯希腊名字的首字母。

Δ——希腊语二次、二的首字母。

丢番图为代数的发展做出了巨大贡献。他在其著作《算术》中使用字母代表未知数，并使用了一些运算符号，这些都是后来符号代数的重要构成要素。

在内容上，《算术》以讨论不定方程的求解而著称。17 世纪，法国数学家费马在阅读此书的"将一个已知的平方数表示为两个平方数之和"部分时，添加了一个注释，该注释引出了后来举世瞩目的"费马大定理"。

《算术》中更是讨论了 3 次幂以上的问题，这超越了几何的范畴——高于 3 次的问题没有直观的几何意义。这表明从丢番图开始，代数作为一门独立的学科出现了。

欧几里得因《几何原本》的贡献而被尊为"几何学之父"，丢番图因《算术》的贡献而被尊为"代数学之父"。

————分割线————

- 波斯的大诗人兼数学家奥马·海亚姆说过：代数学的任务就是解方程。

- 笛卡儿的万能法：所有问题可化归为数学问题，数学问题可化归为代数问题，代数问题可化归为方程问题，从而得解。

- 《射雕英雄传》中的物不知数问题——今有一数不知几何，三三数之剩二，五五数之剩三，七七数之剩二，问数几何——即修辞代数阶段的一道数学问题。

- 明朝数学家程大位编的《孙子歌诀》展示了修辞代数中解题的方式：三人同行七十稀，五树梅花廿一支，七子团圆正半月，除百零五便得知。

- 《孙子歌诀》的意思：除以 3 的余数乘 70，除以 5 的余数乘 21，除以 7 的余数乘 15，将 3 个结果相加，再除以 105 求余数，即《射雕英雄传》中物不知数问题的答案，即（$2\times70+3\times21+2\times15$）÷105 的余数为答案。

- 《射雕英雄传》中的物不知数问题来自《孙子算经》，此书也记载了著名的"鸡兔同笼问题"。

- 丢番图（约 246—330）曾在亚历山大城学习和居住过。

- 丢番图的《算术》共 13 卷，只有 6 卷保存下来，其余 7 卷早已丢失。其拉丁文译本是通过阿拉伯文转译的。

- 欧几里得的《几何原本》也是由阿拉伯文转译的。

- 《算术》中收集了 100 多个代数问题。这些问题脱离了纯应用性的范畴——多么类似"几何学脱离纯应用性的范畴而成为一门学科"的历史。

- 丢番图在《算术》中每叙述完一个问题后，都会根据未知量之间的关系写出一个或几个方程，并利用代数学的理论给出一个解决问题的方法。

- 有学者在《算术》的复印本上写道：丢番图的思想如恶魔撒旦一样，因为这些问题太难了。

161

- 不定方程又称丢番图方程，是指整系数的代数方程，一般只考虑整数解。其未知数的个数通常多于方程的个数。

- 希尔伯特的第十个问题：能否通过有限步来判定丢番图方程的可解性？

- 费马大定理：当 n 大于 2 时，方程 $x^n + y^n = z^n$ 不存在正整数解。该定理于 1995 年被英国数学家安德鲁·怀尔斯所证明。

- 第一位女数学家、女教授，亚历山大学派的希帕蒂娅（370—415），对《算术》中的 6 卷做过注释——剩余 7 卷是在此时就已经丢失了吗？

- 希帕蒂娅也注释过《几何原本》，使其更适合学生理解。她与父亲塞翁合作注释的《几何原本》在之后的 1000 年中一直被认作是教科书的标准版本。

- 教会领袖认为希帕蒂娅的数学和科学思想否定了他们的教义，而且她的哲学思想吸引走了一大批原宗教信徒，希帕蒂娅由此被卷入政治斗争中。一天，她在去演讲的路上被残忍地杀害了。

- 希帕蒂娅的死意味着一个知识启蒙时代的终结，意味着繁荣了 750 多年的亚历山大城停止了它知识进步的脚步。此后，很多学者离开亚历山大城，去往雅典及其他文化中心。

———————— 回头线 ————————

回味 1：《算术》的作者是＿＿＿＿＿＿＿＿。

回味 2：第一位女数学家是＿＿＿＿＿＿＿＿。

回味 3：《射雕英雄传》中物不知数问题的答案为＿＿＿＿＿＿＿＿。

35. 花拉子密

为什么印度人发明的0、1、2、3、4、5、6、7、8、9现在被称作"阿拉伯数字"？这与花拉子密有很大关系。

公元750年，阿拔斯王朝确立，哈里发二世将都城从大马士革迁到底格里斯河河畔新建的王城：巴格达。

像亚历山大大帝建立的亚历山大城一样，巴格达以惊人的速度发展成世界级的伟大城市——继中国长安城之后世界上最富庶的城市，并因"智慧宫"的存在而成为学术中心。

智慧宫是集图书馆、科学院、翻译局于一体的联合机构，它收藏着许多来自希腊、印度、中国的重要文献，许多学者被哈里发邀请参与翻译工作，将文献译作阿拉伯文——该项目对传承人类文明而言意义非凡。古希腊很多经典数学典籍的原版早已失传，能于人类历史中流传，依赖的是阿拉伯文译本这个新源头。

花拉子密正是智慧宫众学者中的一位。

在巴格达，在智慧宫，花拉子密完成了他的著作《印度的计算术》。该书系统地介绍了印度数字（现在所称阿拉伯数字）、十进制位值制记数系统。

公元1202年，在阿拉伯国家学习过的意大利数学家斐波那契在其著作《算经》中系统地介绍了阿拉伯数字与十进制位值制记数系统，以此将其引入欧洲，进而逐渐取代希腊字母记数系统和罗马数字记数系统，成为主流。

人们也由此称0、1、2、3、4、5、6、7、8、9为阿拉伯数字。

花拉子密同丢番图一样，也被称作"代数学之父"，但他获此尊称不是因为《印度的计算术》，而是因为他的另一部作品。

波斯数学家奥马·海亚姆说"代数学的任务就是解方程"，即代数学可以看作一个求解方程的学科。花拉子密被称为代数学之父是因为他的另一部著作：《代数学》——该书的最大亮点即对一元二次方程的求解。

《代数学》这本书的原名是 *al-Kitab al-Mukhtasar fi hisab al-Jabr wa'l-Muqabala*，意为还原与对消计算概要。

al-jabr 这个词有还原、复原之意，其操作相当于现在的移项。这个词被译作拉丁文时为 algebra，即代数。

al-muqabala 这个词有对消、化简之意，其操作是从方程两端消去相同的项，或合并同类项。

《代数学》是完全使用修辞手法写成的。例如方程 $3x^2=4x+2$ 是这样表述的：3 份地产等于 4 件物品外加两个迪拉姆——平方对应几何中的面积，面积用地产表示。

全书共分 3 个部分——

第一部分系统地介绍了线性方程和二次方程的求解问题。

花拉子密定义了方程的 6 种标准形式，这样可以把任何问题化为这 6 种方程之一，然后按书中的步骤解决——相当于展示了解一类方程的程式化算法。这 6 种标准形式其实就是对二次方程 $ax^2+bx+c=0$ 中的 a、b、c 取值（正数、负数、零）的分类讨论。

对每种类型的方程，花拉子密都给出了方程的代数解法，并且给出了求解过程的几何证明。这或可说明：①在数学方面希腊几何学依然占据着统治地位；②花拉子密深受希腊文明的熏陶。

第二部分探讨了一些几何学问题，包括确定多边形各边长的方法，计算圆等二维图形的面积，计算球体、圆锥体、立方锥体等三维图形体积的方法及其实际应用，如土地测量、开凿运河等。

第三部分介绍了实际生活中需要用到的算术知识：安排遗产、诉讼、合伙经营以及日常商业交易等。花拉子密在该部分介绍了"比例法"，例如：在两种价格和其中一个量是已知的，求另一个量的问题中，即可利用比例法。

在作品中把代数学当作数学的一门独立的分支学科来讲授，花拉子密是历史上的第一人。因此后来的人也尊称他为"代数学之父"。

————分割线————

- 阿尔·花拉子密（约 780—850），他的名字翻译之后的意思是"来自花拉子模"，花拉子模（今海瓦）是中亚乌兹别克斯坦咸海以南的一个城镇。但有另一种观点：阿尔·花拉子密出生在巴格达。

- 巴格达在波斯语里的意思是神赐的礼物。

- 公元 751 年，唐朝的一支军队在今哈萨克斯坦中部的江布尔败给了阿拉伯人，一批造纸工人被俘，由此中国的造纸术传入阿拉伯世界。这对中国来说是军事史上的一次失败，对人类文明史而言则是一次伟大胜利。

- 花拉子密是受哈里发阿尔·马蒙的邀请而参与翻译工作的。

- 哈里发是阿拉伯文的音译，原意为"代治者""代理人""继承者"，后指阿拉伯帝国统治者。

- 哈里发阿尔·马蒙的父亲阿尔·拉西德即《一千零一夜》中所提到的哈里发。

- 阿尔·辛迪是同花拉子密同时期被招入智慧宫的阿拉伯学者，他发展出"频率分析法"，并将它运用到了解密上。

- 频率分析法的使用基于一个事实：在语言中，总有一些字母的使用频率比别的字母高。

- 花拉子密所翻译和学习到的阿拉伯数字来自印度数学家婆罗摩笈多的文章。

- 牛顿在其著作《普遍算术》中写道：算术中以数来计算，是一定的和特殊的；代数中以文字（字母）来计算，是不定的和普遍的。

- 蒙古大军在1258年摧毁了智慧宫，据说当时底格里斯河因为被倒入大量书籍，而导致河水被书上的油墨染成了黑色。

- 花拉子密的《代数学》完全是修辞的——完全不用符号——却被认为是革命性的，因为它强调代数的抽象准则，而不是仅仅解决具体的问题。

- 花拉子密使用了"算法"一词——他发现了解某些方程的程序。算法是指一套例行程序，是对数学家和科学家非常重要的一个概念。

- 20世纪30年代，阿兰·图灵和阿隆佐·邱奇将算法的概念变得精确了。

- 花拉子密使用一种几何形式的方法解决了二次方程的问题，这个方法现在被称为"配方法"。以方程 $x^2+10x=39$ 为例，其几何解答操作可参见下页图。

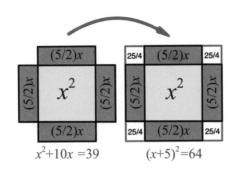

$x^2+10x=39$ $(x+5)^2=64$

- 花拉子密是世界上最早认识到二次方程有两个根的数学家。尽管他意识到了负根的存在，却舍弃了负根和零。

- 花拉子密给出了圆的面积计算公式：$S=\left(1-\dfrac{1}{7}-\dfrac{1}{2}\times\dfrac{1}{7}\right)d^2$。其中，$d$ 为直径，相当于圆周率取 $\dfrac{22}{7}$。

- 圆周率为什么不直接写作 $\dfrac{22}{7}$？这是因为花拉子密沿袭了埃及人的数学习惯：使用分子为 1 的单位分数——埃及分数。

- 花拉子密在天文、地理方面的研究也颇有成就，例如：精确确定了阿拉伯地区很多城市的经纬度坐标；制作了一套用处广泛的表格《印度的天文历表》；完成了一部名为《诸地形胜》的地形之书，书中收录了作者在整合信息后绘制的几幅描述已知世界不同地区的地图。

———————— 回头线 ————————

回味 1：方程 $x^2+10x=39$ 的正整数解为＿＿＿＿＿＿＿＿。

回味 2：哈里发阿尔·马蒙的父亲是名著《＿＿＿＿＿＿＿＿》中提到的哈里发。

回味 3：与花拉子密一同被称为"代数学之父"的数学家是＿＿＿＿＿。

36. 阿耶波多

谈及等差数列求和，最常讲的是高斯超凡早慧的故事——年幼的高斯利用首尾配对的方法快速计算出 1+2+…+100 的结果。

花开两朵各表一枝，在另一个时空——先于高斯1000多年的印度——年轻的数学家阿耶波多已提出过利用配对法对等差数列求和。

阿耶波多给出了计算等差数列中间项的方法，并介绍了利用中间项对等差数列求和的方法。

他提出：可将等差数列的首项与末项相加，得到一个和，然后将这个和相加若干次，即得到等差数列的和。相加的次数为项数的一半。

高斯的方法与阿耶波多并无二致。

在数学的语言尚被修辞手法占据的历史中，阿耶波多用修辞的手法总结出了这个公式。他指出：如果知道等差数列的和、首项、公差，便可以根据该公式求出等差数列的项数。

除了研究等差数列，阿耶波多还研究了其他数列——

①计算等比数列之和的公式。

②计算前 n 个正整数的平方和的公式：$1^2+2^2+3^2+\cdots+n^2=\dfrac{n(n+1)(2n+1)}{6}$。

③计算前 n 个正整数的立方和的公式：$1^3+2^3+3^3+\cdots+n^3=[\dfrac{n(n+1)}{2}]^2$。

对这些公式，阿耶波多没有给出证明。

或许在他眼中这些结论是显而易见的，没必要证明。很多年后，费马在阅读丢番图的《算术》时也干过这事：他提出费马猜想，并写道发现了证明它的美妙方法，但因图书留白不足而省略证明——这一句省略纠缠了后人300多年。

现在，等差数列的故事里，主角只有年幼的高斯，不知年轻的阿耶波多会不会生气。

贾谊三十三而逝，王勃二十七与世辞，韩愈未满四十而视茫茫发苍苍齿牙动摇，这可能是褒扬"年少有为"、鼓励"出名趁早"的原因。现代人则不同，可以尽情地活、尽情地工作。2019 年，美国科学家约翰·古迪纳夫以 97 岁高龄获得诺贝尔化学奖，这是双份儿的酷——97 岁酷！诺贝尔奖酷！

数学史上闪耀着光芒的学者往往会留下经典作品，阿耶波多也不例外。

阿耶波多 23 岁时，完成了他的第一本著作《阿耶波多历数书》。

这部作品由 118 行诗构成，以这种形式书写，一是因为当时的数学尚处在内容表达主要依赖修辞手法的发展阶段，二是因为如此便于口头传诵。

该书共分 4 个部分——

第一部分 10 行。该部分提出了一套用于表示数字的字母系统，这是一套十进制的记数体系；还给出了正弦差值的一个列表——用这张表可以计算 0 度到 90 度之间 24 个角的正弦值。

第二部分33行。该部分提出了解决各类数学问题的66个规则。这些问题包括等差数列求和、计算面积和体积、解不定方程、确定正弦值的三角学问题。求解一次不定方程 $ax+by=c$ 是他最有意义的工作之一。

第三部分25行。该部分讨论了时间的度量，并给出了计算行星位置的规则。

第四部分50行。该部分涉及球的测量，提出了球形宇宙的理论，并提出了计算行星轨道以及日食时所需的三角规则。

《阿耶波多历数书》在印度历经千年而意义与价值不减，其间被译作阿拉伯语，影响了巴格达智慧宫中的学者们，并被译作拉丁文，流传到了欧洲。

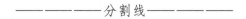
————————分割线————————

- 印度学者们的许多数学成果都是通过巴格达传向西方的。

- 阿耶波多（476—550），出生于距巴特那不远的恒河南岸，是迄今所知最早的印度数学家。他同时也是一位伟大的天文学家。

- 除土地测量、朝圣等原因，古人研究三角、圆形等几何问题的重要原因还有航海。日月星辰是航海者们的重要参考系。当他们仰望星空时看到了自己熟悉的星辰分布，便能明了位置与方向。

- 很多数学家都是天文学家，如阿基米德、埃拉托色尼、阿耶波多、花拉子密、牛顿等。

- 《阿耶波多历数书》是印度最早的一本有明确作者的完整论著。

- 《绳法经》比《阿耶波多历数书》早约1300年，它是印度学者们合作的结晶。此书介绍了一系列关于算术和几何的规则，这些规则配合绳子的使用，可测量各种物体的长度。

- 一根绳子，配上绳结，可以干很多事：测量长度、画圆、确定直角等。

- 阿耶波多提出天空中的星星是不动的，动的是地球——地球一直在绕着它的轴进行自转。他用岸边的观测物与流水中的船的关系来解释相对运动。

- 书中地球自转的结论几百年中不断被注释者们修改，因为地球不动的观点是宗教与科学主流权威所支持的。

- 阿耶波多知道行星是绕太阳旋转的，并意识到旋转轨迹是椭圆形，且对旋转半径做了计算。这比德国的开普勒发现行星三定律早 1000 多年。

- 印度第一颗人造卫星（1975 年 4 月 19 日）被命名为"阿耶波多"。

- 中国第一颗人造卫星（1970 年 4 月 24 日）被命名为"东方红一号"。

- 阿耶波多准确地估算出了一年的长度，相传其与现今测的结果只相差 15 分钟。

- 阿耶波多知道圆周率 π 为一个无理数，他认为直径为 20000 的圆的周长为 62832，即 π 取 3.1416。

- 公元 460 年，中国数学家祖冲之将 π 的取值精确到了小数点后第六位。

- 阿耶波多给出了一些面积计算公式：①三角形的面积为底和高的乘积的一半；②圆的面积等于周长的一半和直径的一半的乘积；③梯形的面积为上底与下底的和与高的乘积的一半。

- 阿耶波多把半弦称作"猎人的弓弦"。阿拉伯人把它译作"胸膛、海湾、凹处"。到了拉丁文，半弦演变成为"正弦"一词的词源。

- 感受一道阿耶波多出的题：带着微笑眼睛的美丽少女，请你告诉我，什么数乘 3，加上这个乘积的 3/4，然后除以 7，减去此商的 1/3，自乘，减去 52，取平方根，加上 8，除以 10，得 2 ？

- 14 世纪，在印度的南部地区喀拉拉活跃着一个天文数学学派，他们有很多了不起的研究发现，例如对无穷小的研究、对微积分早期形式的研究等。

- 在阿耶波多之后一个世纪左右，印度出现了另一位重要的数学家婆罗摩笈多。花拉子密即通过翻译他的文章学习到了阿拉伯数字。

- 阿耶波多的另一本代表作为《阿耶波多文集》，但已失传。

———————回头线———————

回味 1：印度第一颗人造卫星是以数学家＿＿＿＿＿＿＿＿命名的。

回味 2：阿耶波多对圆周率 π 的取值是＿＿＿＿＿＿＿＿。

回味 3：阿耶波多的第一本书为＿＿＿＿＿＿＿＿。

37. 斐波那契

被称作黑暗时代的欧洲中世纪，通常被认为始于西罗马帝国的灭亡（476），终于提倡人文主义、反对神之权威的文艺复兴。

从数学角度来看，这一时期近似始于女数学家希帕蒂娅（370—415）被迫害惨死，终于数学家兼文化传播者莱昂纳多·斐波那契（1175—1250）的出现。

希帕蒂娅的数学、科学与哲学思想启发引导人们向往理性与智慧，这是那时的宗教领袖所不愿看到的，他们希望人们相信的只有神。

415 年，信徒暴民用残忍的手段杀害了希帕蒂娅。这标志着一个知识启蒙时代的终结。从彼时起，亚历山大城开始衰落，学者们四散而去，继而城市被侵，图书馆被毁，珍贵典籍被焚——用以加热公共浴室之水。

一段空白由此产生。直到文艺复兴早期，欧洲的数学故事才得以继续。

文艺复兴前的第一数学家当数斐波那契。

斐波那契少年时，跟随父亲游历了地中海沿岸的诸多城市，时间长达 10 年之久。

在行万里路中，他接受了内容广泛的数学教育：来自毕达哥拉斯、欧几里得、阿基米德的经典希腊数学，来自阿耶波多、婆罗摩笈多等印度学者的先进知识，来自阿尔·花拉子密、奥马·海亚姆的阿拉伯学者们的智慧结晶。

1202 年，斐波那契回到比萨，完成了里程碑式的著作《算经》。

斐波那契是中世纪欧洲最杰出的数学家，是欧洲数学复兴的先锋者，是数学文化集成者与传播者。16 世纪，意大利数学家卡尔达诺曾这样评价斐波那契：所有我们掌握的希腊以外的数学知识，都是由斐波那契的出现而得到的。

《算经》将先进的数学知识传到欧洲，这些数学知识主要来自印度与阿拉伯。《算经》的内容共分 15 章。

第一部分：第 1 ~ 7 章，介绍了阿拉伯十进制位值制记数系统，并介绍了如何用这套记数系统进行算术计算。

当时大部分欧洲人使用的是罗马数字。罗马数字是约公元前 500 年在古罗马时期被人们所采用的一套记数系统。人们使用Ⅰ、Ⅴ、Ⅹ、Ⅼ、Ⅽ、Ⅾ、Ⅿ这 7 个字母分别来表示 1、5、10、50、100、500、1000。将字母组合及结合其他符号可表示需要的数值。到 13 世纪晚期，大部分欧洲国家接受了阿拉伯记数系统。

第二部分：第 8 ~ 11 章，介绍了这些计算方法在商业交易上的应用。

斐波那契使用阿拉伯记数系统计算利息、利润、折扣、货币兑换、股份管理、融资等问题，并展示了如何在纸上进行这样的运算——使用罗马数字和算盘计算问题时，记录计算过程是十分困难的。斐波那契像现在老师的上课方式一样：每解释一个概念，都使用一个清楚的例子，给出完整而细致的解答。

第三部分：第 12 ~ 15 章，介绍了算术、代数、几何和数论中的一些方法，及它们在解决日常问题和数学难题时的应用。

其中第12章为重点，几乎占了整本书篇幅的 $\frac{1}{3}$ 。它主要介绍了一些有意思的问题，这些问题是斐波那契从早期的希腊、阿拉伯、埃及、印度、中国数学家的作品中引用的，包括百钱买百鸡问题、蜘蛛爬墙问题、狗追兔问题、农夫买马问题、兔子问题等。最后一章还介绍了花拉子密和欧几里得所发展的一些代数和几何方法。

《算经》是中世纪欧洲出现的最具影响力的数学作品之一。对斐波那契本人而言，书中记载的斐波那契数列似乎产生了更大的影响力。

斐波那契还有很多其他著作，其中《平方数之书》被有些数学家认为是斐波那契更有成就的作品。这是一本关于数论的作品，它奠定了斐波那契数论学家的地位，成为介于丢番图与费马之间的最有影响力的数论学家。

——————分割线——————

- 斐波那契的父亲波那契是一位官员（也有说为著名商贾）。父亲希望他成为一位商人，并因此对他进行了系统的训练：洽谈合约、确定商品价格、兑换国家货币等。

- 斐波那契意为"波那契之子"。此外，他还常被称作"比萨的莱昂纳多"等其他名字。

- 斐波那契在作品中称自己为"俾格莱"或"俾格利"，意思分别为"旅行者"或"笨蛋"。

- 林徽因少女时期曾跟随父亲林长民游历过欧洲。林长民希望借此使她增长见闻，并贴身学习父辈长者的行为风度。

- 西方使用阿拉伯记数系统时，喜欢每隔3位把数字分作一组，以方便读写。这源自斐波那契的介绍与使用。

- 阿拉伯数字由印度僧侣发展而来，被阿拉伯国家接受后，做了适当修改调整，继而接近现在我们所熟悉的0~9。

- 斐波那契有可能不是第一位在欧洲推广阿拉伯记数系统的人。

- 当时欧洲存在两个派系。

  ①算盘派：使用算盘计算，用罗马数字记录结果，这组人被称为算盘家（abacist）。

  ②算术派：使用阿拉伯数字直接计算，这组人被称为算术家（algorist）。

- 大部分欧洲人记录了这样一件事：最后一次使用罗马数字和算盘来计算问题的过程。

- 《算经》中还提出了两个原创性的概念：单字母表示变量、负数。

- 斐波那契引进了分数中间的那条横杠，这个记号一直沿用至今。

- 1963 年，一些数学家成立了斐波那契协会，并创办了《斐波那契季刊》，专门刊登与斐波那契数列有关的数学论文；同时在世界各地轮流举办两年一度的国际斐波那契数及其应用大会。

- 从流传下来的画像看，斐波那契特别像晚他 3 个世纪出生的画家拉斐尔（1483—1520）。

- 斐波那契数列又被称为兔子数列，源自《算经》中提及的兔子繁殖问题（详见第 052 页）。

———————— 回头线 ————————

回味 1：斐波那契的父亲是＿＿＿＿＿＿＿＿。

回味 2：斐波那契介绍阿拉伯数字的著作为＿＿＿＿＿＿＿＿。

回味 3：罗马数字"Ⅴ"用阿拉伯数字可表示为＿＿＿＿＿＿＿＿。

38.　笛卡儿

在《嫌疑人Ｘ的献身》的核心情节中，作者东野圭吾设置了一个关键转折点：这看起来像是几何问题，实质却是代数问题——借数学老师的这句思路点拨，侦探厘清了犯罪事实发生的来龙去脉。

如果将这核心思路——把几何问题化归为代数问题——的创始者认定为笛卡儿，东野圭吾先生应该不会太反对吧。

数学包括两个主要分支：数与形。数归代数，研究对象主要包括数与数字；形归几何，研究对象主要包括点、线、面、体。

代数与几何不是相互独立的，它们之间的关系十分密切。

初时，几何首先得到发展，成为数学的代名词，它被用于解决实际问题和证明数学问题——包括代数问题的结论都需要几何的方法来证明。例如：解方程是代数的重要任务，代数学之父花拉子密在解一元二次方程时，借助过几何的方法证明求解。

初时，代数的研究范畴囿于几何，其内容通常对应一定的几何意义。例如古希腊人认定：二次必定代表几何中的面积——乘积中的"积"即面积的"积"，即两数相乘所代表的意义为几何中的面积。

笛卡儿的出现，带来了至少两项巨大的改变——

①建立了解析几何。

解析几何，即用代数的方法研究几何问题——把几何问题化归为代数问题。笛卡儿背离了古希腊的传统，发现了代数方法的威力。

当然不只如此，解析几何还将代数与几何融合统一起来：可以用几何方法研究代数问题，也可以用代数方法研究几何问题。

借助于笛卡儿坐标系，数与形高度对应了起来，展示出了代数与几何的等价性。

②打破了古代数学中狭隘的齐次性。

古希腊人计算的是真实直观的尺寸，x 或 y 必定代表直线长度，x^2 必定代表面积，x^3 必定代表体积。x、x^2、x^3 不是齐次的，因此 x^2 不能等于 y。

笛卡儿打破了这种局限，把 x、x^2、x^3 都定义为一条线的一部分。

现在 x^2 不再只是一个图形的面积，它可以表示几何中的抛物线了。

这同时为 x 的更高次方（如 x^4、x^5）的研究提供了可能：毕竟超过 3 次方的情况，在几何上是没有直观意义的。

由此，代数得到一次飞跃式的解放。

1637 年 6 月 8 日，笛卡儿发表了著作《方法谈》，其附录即《几何学》。《几何学》为解析几何的奠基之作，近代数学由此面世。

人们评价笛卡儿：不是修订了几何，而是创立了几何。这是一项伟大的成就，当然，几何也可能只是笛卡儿多姿多彩人生的一面而已。下面来看看笛卡儿的生平——

勒内·笛卡儿（1596—1650），出生于法国一个古老的贵族家庭。出生没多久，他的母亲就去世了。笛卡儿名字中的"勒内"在法语中有"重生"之意。

笛卡儿从小体弱，当父亲把他送到耶稣会学院接受教育时，院长沙莱神父对他格外照顾：允许他早晨不用早起，除非他想去教室和小伙伴们在一起，否则可以不必离开自己的房间。

早晨躺在床上思考，成为笛卡儿一生的习惯。

笛卡儿曾经如此断言：那些在寂静的冥思中度过的漫长而安静的早晨，是他哲学和数学思想的真正源泉。

笛卡儿在学校中接受传统教育，注重拉丁文、希腊文和修辞学的学习，并长时间忘我地思考。他喜欢数学，认为哲学、伦理学、道德学中的证明与数学的证明相比，花哨而虚假。

18 岁时，笛卡儿决定去见见世面。他抛弃了在父亲庄园中那种节制的生活，开始尽情享受与他的年龄和地位相匹配的快乐。当他厌倦了这些尝试后，笛卡儿选择成为一名军人。

1620 年春天的布拉格战役让笛卡儿认识了真正的战争。很幸运，他活了下来，并厌倦了战争。笛卡儿回到巴黎安顿下来，冥思了 3 年，从此将主要精力倾注于学术研究。

38 岁时，笛卡儿将他收集和想出的一切写进他的论著《论世界》中，但此书没有出版，因为他预感到此书会将他推到与伽利略相同的处境——当时已届 70 的伽利略被送上宗教法庭，被迫下跪，宣誓放弃哥白尼的日心说。

但 1637 年，他的《方法谈》出版了，这是因为他得到了红衣主教黎塞留所给予的出版特权。

1641 年，聪明的伊丽莎白公主成了笛卡儿的得意门生——笛卡儿曾在公开场合表示：在他所有的学生中，只有公主完全懂得他的著作。

另一位女性却要了笛卡儿的命。

瑞典女王克里斯蒂娜年轻、精力充沛并求知若渴。她邀笛卡儿做她的老师，并认为凌晨5点是学习哲学的最佳时间。笛卡儿在这样的作息中教了女王一年，然后感冒转肺炎，逝世于斯德哥尔摩。

早晨，名正言顺地躺着冥想，多么诱人的思考方式！这一行为方式若全民推广试用，不知是否可成就几位笛卡儿。

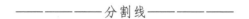
————————分割线————————

- 从本质上讲，古代数学是关于常量的数学，近代数学是关于变量的数学。解析几何是古代数学进化为近代数学的里程碑式标志。
- 笛卡儿创造或推广了很多沿用至今的方法，例如：使用字母表开头的几个字母（如 a、b、c）代表已知的常数，使用字母表最后的几个字母（如 x、y、z）代表未知变量。
- 笛卡儿还使用上标来表示指数，形如 X^2。
- 相传，笛卡儿创立笛卡儿坐标系是受小虫在天花板上移动的启发。天花板的格线便是坐标轴的雏形。
- 笛卡儿最初建立的坐标系是斜坐标系，直角坐标系仅作为一种特殊情况，之后人们习惯称直角坐标系为笛卡儿坐标系。
- 1671年，英国的牛顿也建立了自己的坐标系：极坐标系。
- 1619年11月10日，笛卡儿做了三个梦，第二个梦向他揭示了可用数学来探索自然，所有学科都能被数学联系起来。
- 笛卡儿万能法：任何问题可化归为数学问题，数学问题可化归为代数问题，代数问题可化归为方程问题，从而得解。
- 笛卡儿最初以哲学家闻名，但在那个年代，数学、物理学与哲学的界限是非常模糊的，所以称笛卡儿是数学家、物理学家、哲学家，都属合理。
- 笛卡儿最有名的哲学名言：我思故我在。

- 那个年代是科学家组团诞生的年代：电磁学达人吉尔伯特逝世时笛卡儿7岁，莎士比亚去世时笛卡儿20岁，费马、帕斯卡与笛卡儿是同代人，伽利略比笛卡儿早逝世8年，笛卡儿逝世时牛顿7岁，发现血液循环的哈维比笛卡儿多活了7年。

- 解析几何为微积分的研究提供了可能。

- 在笛卡儿的人生中，还有另一位重要的神父：著名的业余科学家和数学家梅森。梅森一直是笛卡儿的好朋友，是他科学的代理人，是使笛卡儿免于烦恼的主要保护者。

- 瑞典女王为了邀请笛卡儿当她的老师，派出了一艘军舰。

———————— 回头线 ————————

回味1：直角坐标系也被称作_____。

回味2：笛卡儿最有名的哲学名言是_____。

回味3：解析几何是将几何问题化归为_____。

39. 费 马

如果把医生卡尔达诺、律师兼政客韦达、律师兼议员费马、神父梅森约到一起，他们应该既不会讨论医学与神学问题，也不会讨论法学问题。他们可能会讨论数学问题，因为在正职之外，他们有相同的业余爱好：数学。

虽称业余爱好，但基于他们在数学中的贡献与名声，称呼他们为"数学家"，名副其实。在"业余数学家"这个被草率命名的圈子中，名声最响亮的当数费马。后人称他为业余数学家王子或业余数学家之王。

皮埃尔·德·费马（1601—1665），出生于法国，父亲是皮革商人，母亲来自一个议会法官家庭。

从费马成年后取得的成就可以推断出，他的学生时代一定是非常出众的。但他没有一位像吉尔伯特那样溺爱他的姐姐，把他少年时代的天才记录下来留给后人。

17世纪的法国，男子最风光的职业是律师——笛卡儿也曾获得过法学学位。费马一直从事着法律行业的工作并担任公职——1648年他升任为图卢兹地方议会的议员。在去世前的两天，他还在处理一件案子。

从事数学研究，纯属费马的业余爱好。此外，他还对主要的欧洲语言和欧洲大陆的文字有着广博而精湛的认知——用拉丁文、法文、西班牙文写诗，是那个时代绅士的素养之一，费马在这些方面拥有熟练的技巧和卓越的鉴赏力。

费马是一个和蔼的人，他一生过着平稳且安静的生活。

有人分析费马有精力研究数学问题的原因之一是，作为议员他要避开不必要的社交活动，以免在履行职责时因受贿或其他原因而腐化堕落，如此的工作性质为费马提供了大量的空闲时间。

历史棋布相似处——证明费马大定理的英国数学家安德鲁·怀尔斯，在投身定理证明的过程中，也是选择避开喧嚣凡世，将自己关在阁楼中，与世隔绝地进行推理证明的。

虽然费马最为人所知的是他的数论成就，但他所研究的数学领域绝不仅限于数论这一个分支。数论、解析几何、微积分、概率论，这些领域中，费马的贡献都异常非凡。

①数论。

费马小定理：若 n 为整数，p 为素数，则（n^p-n）能被 p 整除。

费马大定理：当 $n>2$ 时，方程 $X^n+Y^n=Z^n$ 不存在非零整数解。

平方和定理：一个奇素数能表示为两个平方数之和的充要条件是该素数被 4 除余 1。

②解析几何。

笛卡儿被称为解析几何之父，但解析几何的发明归功于两位法国数学家：笛卡儿和费马。1637 年，笛卡儿以其哲学著作《方法谈》附录的形式发表了《几何学》，其中包括了解析几何的全部思想。费马早在 1629 年就已经发现了坐标几何的基本原理，却一直都没有发表——他的许多数学发现都没有公开发表。

因此解析几何的优先权问题也存在争议。

③微积分。

费马研究过极大值、极小值以及确定曲线切线的方法，这为牛顿与莱布尼茨的微积分研究奠定了基础——在牛顿的传记中，著者莫尔教授引述了一封信，信中牛顿清楚地说：从费马画切线的方法中得到了微分法的启示。

④概率论。

费马与布莱兹·帕斯卡通信讨论赌徒分金问题，这促进了一个全新的数学领域——概率论——的发展。他们的主要贡献之一是研究出一条定理：如果两个独立事件发生的概率分别是 p 和 q，则它们同时发生的概率是 $p \times q$。

费马很喜欢提出定理，但不给出证明。费马小定理、费马大定理、平方和定理皆是如此——费马小定理的第一个证明，是莱布尼茨在一篇没有注明日期的手稿中给出的；平方和定理由欧拉在 1749 年首次证明，欧拉为此证明持续奋斗了 7 年；费马大定理由英国数学家怀尔斯在 1995 年首次成功证明。

——————分割线——————

● Facebook 的创始人马克·扎克伯格在斯坦福大学的演讲中提过：自由时间孕育自由思想。自由时间能否孕育自由思想不太确定，但自由时间能孕育自由爱好是显而易见的。

● 经济学家张五常在《凭阑集》《随意集》中记述过他的若干业余爱好：下棋、书法、乒乓球、摄影等。他的种种爱好都达到了很高的水平。

● 张五常在加拿大的某项乒乓球比赛中拿过全国冠军，他的乒乓球球友是发小容国团。

- 容国团（1937 年 8 月 10 日—1968 年 6 月 20 日），生于中国香港。在 1959 年第二十五届世界乒乓球锦标赛中获得男单冠军——这是中国在世界体育比赛中夺得的第一个世界冠军。

- 费马一生没有发表过作品，他的研究成果都记录在手稿与信件中。

- 费马大部分的书信是寄给马兰·梅森的，梅森在法国 17 世纪的数学发展中扮演着重要的角色，他就像数学家们的书信驿站。

- 梅森也一直与笛卡儿保持着密切的联系。

- 梅森素数：形如 2^p-1 的素数，其中指数 p 为素数。

- 费马素数：形如 $2^{2^n}+1$ 的素数，其中 n 为非负整数。

- 费马小定理对检测一个数是否是素数非常有用：如果找到一个数 n 满足 n^p-n 不能被 p 整除，则 p 不是素数。

- 费马去世后，他的儿子于 1667 年公开了费马在丢番图的《算术》书边空白处写下的评论，费马大定理由此为世人所知。

- 费马在评论《算术》第 2 卷第 8 个问题时，写下了如下的话：不可能把一个数的立方分拆成两个数的立方和，不可能把一个数的四次方分拆成两个数的四次方的和，或者更一般地说，不可能把高于 2 次的任意次幂的数分拆成两个同次幂的和。我已经发现了一个真正奇妙的证明，但是这个空白太小了，写不下。

- 费马大定理也被称为费马最后定理，它的证明过程历时 300 多年——

  ① 1770 年，瑞士数学家欧拉证明了费马大定理在 $n=3$ 时成立。

  ② 1823 年，法国数学家勒让德证明了费马大定理在 $n=5$ 时成立。

  ③ 1832 年，德国数学家狄利克雷证明了费马大定理在 $n=14$ 时成立。

  ④ 1839 年，法国数学家拉梅证明了费马大定理在 $n=7$ 时成立。

  ⑤ 1850 年，德国数学家库默尔证明了费马大定理在 2<n<100（除 37、59、67）时成立。

  ⑥ 1995 年，英国数学家安德鲁·怀尔斯成功证明了费马大定理。

● 费马发现了"最小时间原理",由这个原理费马推出了折射和反射规律:折射时,入射角的正弦与折射角的正弦成正比;反射时,入射角等于反射角。

● 赌徒分金问题。两个赌徒下注一定的金额,即赌注。在赌局结束前,赌注不属于任何一人。在赌局结束后,赢家得到所有赌注。那么如果一场赌局被迫中断,该如何在这场未完的赌局中分配赌注?

————————回头线————————

回味 1:费马出生于_____。

回味 2:费马在评注丢番图的著作_____时提出了费马大定理。

回味 3:费马大定理于 1995 年被英国数学家_____首次成功证明。

40. 帕斯卡

天才自古如名将，不许人间见白头。帕斯卡是历史上又一位早慧又早逝的天才。天才争朝夕不贪白头，39 年春秋足以让一位天才青史彪炳。

布莱兹·帕斯卡（1623—1662）出生于法国奥弗涅的克莱蒙费朗，母亲在他幼年时去世，父亲是一位数学家兼收税员。

在帕斯卡超群绝伦的数学天赋被发掘时，父亲送给他一本欧几里得的《几何原本》，而在此之前，帕斯卡已完全依靠自己的创造力，没有从任何书本上得到提示，证明了一个三角形的内角和等于两个直角之和——这正是《几何原本》上的第 32 个命题。

帕斯卡的天资聪颖从他对数学的思索中可见一斑，三角形内角和命题的证明只算是初试身手，其更有影响力的几项数学成就列举如下。

① 16 岁时，帕斯卡有了自己的研究成果：帕斯卡定理——取一条圆锥曲线上的 6 个点构成六边形，则六边形 3 组对边的交点处于同一直线上。

② 19 岁时，帕斯卡为减轻父亲的计算工作设计了一种计算器：帕斯卡计算器——一种可以进行 8 位数加法计算的计算器。这种计算器是一个长方体形的黄铜盒子，盒内有转盘，盒上有刻度盘。将刻度盘上的指针指向合适的数字，拉一下把手，计算结果便会出现在盒子顶部的小窗中。

③ 1653 年，帕斯卡在论文中深入地研究了数学史上最著名的整数模型之一：帕斯卡三角。

④ 1654 年，帕斯卡与费马通信讨论赌徒分金问题，提出了概率论。费马使用了枚举的方法解决此类问题，帕斯卡选择使用帕斯卡三角解决。

⑤ 1658 年到 1659 年间，帕斯卡发明了一种积分，他将它称为"不可分割理论"。

天赋的源头是基因，这是奥卡姆剃刀式的解释。帕斯卡应该是受益于他良好的遗传基因，相传他的两位姐姐吉尔伯特和雅克利娜也都兼具美丽与聪慧。

天才的闪亮处不止一点，除了数学领域，帕斯卡的闪亮处还有很多。

①在文学与哲学方面，帕斯卡有两部著作——《思想录》和《致外省人信札》，它们是法兰西文学中的精品，铸就了帕斯卡思想家的名声。

《思想录》中有这样一段话：只要一个人能在他的全部天性告诉他去尽情作乐，而且有足够的人性让自己去作乐时，那他就可以随心所欲地去享受整个生活，而不会在一堆关于人的苦难与尊严的毫无意义的神秘主义和陈词滥调下扼杀他天性中较好的一半。

②在物理学方面——

帕斯卡原理：作用于密闭液体中的压力可以完全传递到液体内部任何一处，并且垂直地作用于它所接触的任一界面。

证明了气压计的原理：水银（学名汞）柱的高度取决于其周围的大气压。这为天气预报和海拔测量打开了新世界。

证明了水银柱顶端的空间是一个真空空间——帕斯卡就真空问题曾与笛卡儿争吵过，笛卡儿认为真空是不存在的。

物理单位帕斯卡：帕斯卡，简称帕（Pa），物理学中的压强单位，以帕斯卡的名字命名，1 帕斯卡 =1 牛顿 / 米 ^{2}。

有的人的才气随着成长而渐失甚至泯灭，有的人的才气因身体过劳而超载或损毁，有的人的才气因兴趣转移而稀释或受抑。帕斯卡属于最后一种，在生命的后期他的热情迁移到宗教，他的天才被埋葬在了关于"人的伟大与不幸"的沉思之中。

—————— 分割线 ——————

- 帕斯卡与笛卡儿属同一时代，且身体都不好——失眠、胃病、牙病折磨着帕斯卡。笛卡儿曾给他建议：像自己一样，每天早上在床上躺到 11 点，除牛肉汁以外的食物都不吃，而帕斯卡并不听从。

- 同行是冤家？帕斯卡的姐姐雅克利娜曾说：他的弟弟帕斯卡和笛卡儿彼此深深地互相嫉妒。

- 笛卡儿曾公开拒绝相信《论圆锥曲线》是一个 16 岁的孩子写的，也怀疑帕斯卡从他那儿窃取了气压计实验的想法，因为笛卡儿曾在给梅森神父的信中讨论过该实验的可能性。

- 帕斯卡的姐姐吉尔伯特嫁给了佩里耶。帕斯卡的身体不好，于是委托佩里耶带着气压计到奥弗涅的多姆山上做气压计实验。实验显示：随着气压的下降，水银柱的高度也降低了。

- 从 14 岁开始，帕斯卡就一直在梅森那儿参加星期科学讨论会。

- 梅森主持的星期科学讨论会是法国科学院的前身。

- 1657 年，荷兰科学家克里斯蒂安·惠更斯意识到帕斯卡和费马的思想，开始系统地研究概率论，并将成果写成《论掷骰子游戏中的推理》。

- 惠更斯最美妙的发现之一与摆线有关，他证明了摆线是等时曲线——在开口向上的摆线上的任何一点放一个小珠子，在重力的作用下，小珠子滑到最低点的时间都是相等的。

- 帕斯卡曾全神贯注地研究摆线的几何学，并成功地解决了与它相关的许多重要问题。帕斯卡以阿莫斯·德东维尔的笔名发表了他的一些发现，作为对法国和英国数学家的挑战。这是帕斯卡数学能力的最后一次闪现。

- 帕斯卡计算器的稳定性不太好，一次小小的敲打就可能使计算结果出现错误。

- 帕斯卡计算器被帕斯卡改进了 50 多版。

- 帕斯卡计算器可以对减法、乘法、除法进行间接计算——减法借助补数化归为加法，乘法是多次加法，除法是多次减法。

- 帕斯卡三角在意大利被称为塔尔塔利亚三角，在中国被称为杨辉三角或贾宪三角。波斯数学家海亚姆早已知道帕斯卡三角的存在，印度的思想家平伽拉也是，但帕斯卡是数学史上以专论深入探讨该模型的第一人。

- 塔尔塔利亚（1500—1557）是一位意大利数学家。1512 年法国军队在他的家乡烧杀抢掠时，他被军刀砍中嘴巴和上颌，这令他落下了口吃的毛病，也让他得到了"塔尔塔利亚"的外号——塔尔塔利亚的意大利语 Tartaglia 意为"口吃者"。

- 帕斯卡说："一味干琐事是令人生厌的，但是有的时候就得做琐事。"

- 卡尔达诺、帕斯卡、费马认为概率的基本原理是，分配给每个可能发生的结果的概率值必须是小于 1 的数，而且在一种情况下，所有可能发生结果的概率值加起来正好是 1。

- 拉普拉斯说："概率论使我们精确地评价有理智的头脑出于某种直觉而感觉到的东西，是人类知识最重要的一部分。"

————————回头线————————

回味 1：帕斯卡三角在中国被称为＿＿＿＿＿或＿＿＿＿＿。

回味 2：帕斯卡与＿＿＿＿＿一起创立了概率论。

回味 3：物理学中压强的单位是＿＿＿＿＿。

41. 牛 顿

范蠡，居官则致卿相，居家则致千金；辛弃疾，可执笔趣述莲蓬事，能负甲出入万军中。对这等层级的达人来说，似乎不需要进行职业选择，随机入一行，所止即成名。

牛顿是达人，不论是在数学领域还是在物理学领域，牛顿之名总与"伟大"或"最伟大"构成固定词组。

艾萨克·牛顿（1643—1727）出生于英国林肯郡的一个农场主家庭，父亲37岁去世时牛顿尚未出生，母亲在牛顿3岁时改嫁。

牛顿小时候身体羸弱，较少参加同龄人的体力游戏，但他很喜欢动手实验，制作过带着灯的风筝、机械玩具水车、以小老鼠为动力的磨坊模型、日晷、木头钟等。

阅读也是牛顿小时候的所爱，这一点可能改变了他一生的轨迹。

牛顿人生中的第一位贵人——他的舅舅威廉·艾斯库——说服了牛顿的母亲放弃让牛顿回农场帮忙管理农庄的想法，取而代之，极力建议将牛顿送到剑桥大学继续读书。做这个决定，除了牛顿在学校中表现良好之外，还有一个直接原因：本应在集市帮雇工做买卖的牛顿被舅舅发现躲在篱笆下读书。

1661年6月，牛顿以减费生的身份进入剑桥大学三一学院，在那儿系统地学习了自然科学知识，掌握了当时最前沿的数学和物理学知识，更是认识了他人生中的第二位贵人，比牛顿大12岁的老师艾萨克·巴罗博士——剑桥大学第一任卢卡斯数学教授。

1665年，牛顿大学毕业，获得了文学学士学位。这一年，黑死病席卷伦敦，于是牛顿在6月份回到故乡伍尔索普躲避瘟疫，在他母亲的农场度过了两年时光——苹果落地的故事就发生在这儿。

1665 年到 1667 年，这两年多的时间被称为"奇迹的两年"，牛顿在这段时间里：发明了二项式定理，发明了流数（微积分），发现了万有引力定律，发现白光是由各种颜色的光混合而成的。

1667 年，牛顿回到剑桥大学，当选为三一学院的研究员。1668 年获得硕士学位。1669 年牛顿的数学老师巴罗辞职，举荐牛顿接任，于是 26 岁的牛顿成为剑桥大学的卢卡斯数学教授——同一时间只授予一人。

1671 年，通过研究光，牛顿发现折射式望远镜会出现色差，于是向皇家学会提交了他的反射式望远镜，因此他被选为皇家学会会员。

1687 年，科学史上最伟大的一部著作《自然哲学的数学原理》以拉丁文出版问世。该书主要是关于运动定律和太阳系运转的数学分析的。其中所述的万有引力定律早在"奇迹的两年"中就已经发现，为何研究成果会推迟 20 年发表？人们说法不一，其中某些原因当归于牛顿的严谨：①牛顿当时可能未获得准确的地球半径数据；②他在数据的处理方式上面临一个困难——不能确定是否可把地球看作一个质点。

1689 年，牛顿代表剑桥大学当选为国会议员。1690 年，国会解散，牛顿回到剑桥大学，开始研究《圣经》。1699 年，牛顿被任命为造币局局长，以改革和监督王国的币制。1703 年，牛顿当选为皇家学会的主席，后来一再当选，直至去世。1705 年，牛顿被安妮女王封为爵士，以表彰他作为兑换商的功劳，而非为了表彰他在科学上的贡献。

1727 年 3 月 31 日凌晨一点多，牛顿在睡梦中与世长辞。

牛顿去世后被安葬在威斯敏斯特教堂，这是英国人安葬英雄们的地方。当时法国哲学家伏尔泰正在英国访问，目睹葬礼后，对牛顿所获的殊荣十分感叹。

牛顿有两段话常被人提及。

其一是长寿的牛顿在人生的结尾时对自己的评价：我不知道世人怎样看我，可我自己认为，我好像只是一个在海边玩耍的孩子，不时为拾到比通常更光滑的石子或更美丽的贝壳而欢欣，而展现在我面前的是完全未被探明的真理之海。

其二是牛顿与爱争吵的皇家学会会员胡克沟通时的言论：如果说我比别人看得远些，那是因为我站在巨人们的肩膀上。

借第二句话，简单概述牛顿所看、所得及所征服的学术成果——

①发明微积分。

相关"肩膀"：古希腊数学家欧多克索斯和阿基米德利用穷竭法发明了一种积分法；费马发现了一些特殊曲线的导数，有些人认为费马是"微积分之父"；笛卡儿的解析几何和笛卡儿坐标系为微积分的研究提供了工具；牛顿的数学老师艾萨克·巴罗设想了一种将切线转换为曲线来计算导数的方法。

②发现万有引力定律。

万有引力定律：两个物体之间有引力，引力与距离的二次方成反比，与两个物体质量的乘积成正比。

相关"肩膀"：胡克发现彗星靠近太阳时轨道弯曲是太阳引力作用的结果，提出力之作用中的平方反比定律；开普勒第三定律——行星公转一周所需的时间的二次方与它到太阳的平均距离的三次方成正比；惠更斯向心力定律。

③提出运动三定律。

牛顿第一定律：一个物体保持它原来的静止状态或匀速直线运动状态不变，除非作用于它的力迫使它改变这种状态。

牛顿第二定律：动量的变化率与施加的力成正比，且方向与力所作用的方向一致。

牛顿第三定律：作用力与反作用力大小相等，方向相反。

相关"肩膀"：伽利略提出了理想斜面实验，打破了自亚里士多德以来"力是维持物体运动的原因"的观念——结论类似于牛顿第一定律的说法；笛卡儿认识到力是改变物体运动状态的原因；惠更斯、沃利斯、雷恩对碰撞问题做了很多研究。

④光学研究成果。

太阳的白光是由单色光混合而成的；提出光的微粒说；发明了反射式望远镜，也称作牛顿望远镜。

相关"肩膀"：伽利略改进了天文望远镜；荷兰数学家斯涅耳发现了光的折射定律——又称斯涅耳定律；笛卡儿提出了光的微粒说；胡克发现了肥皂泡的色彩现象，并主张光的波动说；惠更斯发现了冰川石的异常折射现象，也主张光的波动说。

有证据显示牛顿敏感、内向、不喜争辩，同时又有证据显示牛顿脾气暴躁，甚至霸道。牛顿"霸道"这一点想必是显然的：一个人只要享有上述中的任何一项成就，就足以名垂千古，而牛顿独霸它们于一身，也太"霸道"了！

————分割线————

- 《自然哲学的数学原理》简称《原理》，相传出版后宫廷贵妇人手一本，以此作为最流行的时尚。

- 牛顿是早产儿，出生时非常虚弱瘦小，他的母亲说：用容积为一夸脱的杯子就能把他装下。谁能想到，他体内存储着可颠覆天地的能量。

- 英制 1 夸脱 =1.1365 升。

- 牛顿的舅舅威廉·艾斯库本人也毕业于剑桥大学。

- 牛顿终生未婚，但 19 岁时曾与所寄宿家庭的药剂师的女儿斯托利小姐订过婚。

- 科学史上还有"奇迹的 1905 年"，这一年，爱因斯坦发表了多篇论文，涉及三大理论：布朗运动、相对论、量子理论。

- 相传，牛顿的计算能力惊人，可以进行 50 位数的手工计算。

- 牛顿说："(我)从费马画切线的方法里得到了灵感,将其运用到抽象的方程上，正向和反向运算都成功了，于是得到了普适的方法。"

- 关于微积分的专利权之争，牛顿与莱布尼茨双方各有支持者，该争论持续了相当长的一段时间。

- 牛顿给莱布尼茨写过加密的信，简约地解释了"流数"的主要思想，以宣示自己关于微积分的专利权。

- 莱布尼茨说："我知道牛顿先生已经研究出了其原理，但一个人不可能一次研究出所有成果的，你有你的贡献，我也有我的。"

- 《自然哲学的数学原理》是由哈雷出资出版的。因为当时皇家学会资金不足，不能资助出版。

- 牛顿在《自然哲学的数学原理》中插入了一个声明：胡克也是平方反比定律的独立发现者。

- 惠更斯读完《自然哲学的数学原理》后专程去英国会见了牛顿。

- 牛顿第二定律的公式 $F=ma$ 不是由牛顿归纳而成的，是由欧拉归纳而成的。

- 19 世纪海王星的发现、20 世纪冥王星的发现都得益于牛顿的摄动理论——万有引力对天体的复合作用理论。

- 牛顿因为政治和商业上的功劳而被封为爵士，而不是因为其举世瞩目的数学与物理成就。爱因斯坦因为光电效应而获得诺贝尔奖，而不是因为其举世瞩目的相对论。

- 有人说"牛顿的才智超过了全人类"，这种赞誉是否客观当然无法判断，但其才智超群绝对无可置疑，且不论他创作力惊人的青年时期，仅是他晚年时的两件事就足可见其拔群之力——

① 1696 年，瑞士数学家约翰·伯努利提出了最速降线问题，这个问题困扰了欧洲数学家 6 个多月，牛顿听到后，当晚就给解决了。第二天牛顿将解答匿名寄出，伯努利看到后喊道："我从他的利爪认出了这头雄狮。"

② 1716 年，莱布尼茨有意针对牛顿提出了一个困难的问题，牛顿又是当晚给出了答案。而这一年，牛顿已经 73 岁。

———————— 回头线 ————————

回味 1：《自然哲学的数学原理》简称《＿＿＿＿＿＿》。

回味 2：牛顿毕业的大学为＿＿＿＿＿＿。

回味 3：微积分的专利权之争发生于数学家＿＿＿与＿＿＿之间。

42. 莱布尼茨

同手格猛兽的祖先比，有证据显示，现代人的体格已缩约十分之一。人类可能在朝与我们的想象相反的方向发展：奔着远离魁梧身材的方向进化，且这个进化方向包括脑容量的缩减。

脑容量的大小与智力高低没有线性关系。相传，颅相学家与解剖学家研究过莱布尼茨的颅骨，发现其尺寸明显小于正常成年人。而莱布尼茨却被公认为是天才级的大师、亚里士多德式的通才。

戈特弗里德·威廉·莱布尼茨（1646—1716）出生于德国莱比锡，父亲是一位伦理学教授，母亲出身于教授家庭。

莱布尼茨 6 岁时父亲去世，他从父亲那里继承了对历史的爱好，父亲的藏书也为善于自学的莱布尼茨提供了丰富的资料。

8 岁时莱布尼茨开始自学拉丁文，12 岁时即能准确地用拉丁文写诗。莱布尼茨的作品主要用拉丁文书写。此外，除了德文，他还通晓希腊文、法文等。

15 岁时，莱布尼茨进入莱比锡大学，在那里学习了法学、神学、哲学和数学，17 岁时取得学士学位，18 岁时获得哲学硕士学位。20 岁时，莱布尼茨做好了获得法学博士学位的准备，但是莱比锡大学的教师们拒绝授予他该学位，理由有些荒唐：莱布尼茨太年轻了。

毕业后莱布尼茨成为一名外交官。

1672 年，26 岁的莱布尼茨在惠更斯的指导下开始学习真正的数学。惠更斯是物理学家，同时也是一位出色的数学家。

1673 年，莱布尼茨访问伦敦，在那里成为一名贵族，被选为皇家学会的外籍会员。在数学方面，他学习并关注了无穷级数问题。

1676 年，莱布尼茨向世人展示了他改进的帕斯卡计算器。

1679 年，莱布尼茨发明了二进制。

1684 年，莱布尼茨在他创办并任主编的《学艺》杂志上发表了他的微分学研究成果；1686 年，又发表了他的积分学研究成果。

1700 年，莱布尼茨回到柏林，组织成立了柏林科学院，并担任首任院长。

莱布尼茨一生涉猎的领域非常广泛，包括数学、哲学、法学、历史、语言、宗教、政治、文学、逻辑学、玄学、炼金术等，且在很多领域享有盛名。难以想象一个人的头脑能容得下莱布尼茨的全部思想。

因微积分的成就，莱布尼茨注定将与牛顿名齐青史。但盖棺初时，莱布尼茨的境况与牛顿截然不同：牛顿去世时享有国王一般的殊荣，并被安葬在圣地般的威斯敏斯特教堂，而莱布尼茨却鲜人问津地躺进无名墓地中一睡 50 年。

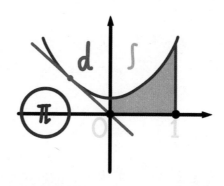

为了获得世俗荣誉及金钱，莱布尼茨将太多的时间耗费在王公贵族身上，到了晚年他为荒废的时光表达过后悔。很多年之后，莱布尼茨追逐的世俗荣誉渐归静寂，而他作为数学家的名声却"愈久弥响"。

到了列举莱布尼茨数学成就的时候啦——

①圆周率。

对圆周率的精确求算水平一度反映了一个地区的数学发展水平。莱布尼茨 27 岁在伦敦旅行期间发现了圆周率的无穷级数表达式：$\frac{\pi}{4} = 1 - \frac{1}{3} + \frac{1}{5} - \frac{1}{7} + \frac{1}{9} - \frac{1}{11} + \cdots$。圆周率 π 与所有奇数之间的这种简单联系令人吃惊，这个简单优美的公式宣告关于圆周率精确计算的竞争游戏结束了。

②二进制。

莱布尼茨认为二进制是具有世界普遍性的、最完美的逻辑语言。现在德国的郭塔王宫图书馆中还保存着一份莱布尼茨的手稿，标题为《1 与 0，一切数字的神奇渊源》。之后，莱布尼茨接触了中国的《周易》和八卦图。

③计算器。

帕斯卡发明的计算器可以进行加法运算，进一步可以进行减法运算。莱布尼茨改进的计算器可以进行乘法、除法、开方运算。

④微积分理论。

莱布尼茨的微积分理论发明得比牛顿晚，但发表得比牛顿早。关于微积分的发明权问题一度争论得十分激烈。后人的结论是莱布尼茨与牛顿分别独立地研究出了微积分理论。现在使用的微积分中的很多符号都源自莱布尼茨。

莱布尼茨的很多时间都用在了政治服务中，令世人叹为观止的数学成果似乎是他闲暇时的副产品。拥有此等才智的天才倘若把一生的精力聚焦在学术中，那对整个人类来说将是怎样的幸运啊！

——————分割线——————

- 1955年爱因斯坦去世后，病理学家解剖其大脑发现：爱因斯坦的大脑比普通人的大脑轻约170克。

- 莱布尼茨的名言：世上没有两片完全相同的树叶。

- 莱布尼茨是一位乐观主义者，他说：我们的宇宙是所有可能中最好的一个。

- 伏尔泰写了一篇短篇讽刺小说《老实人》，以取笑认为"世界皆美好"的莱布尼茨：故事中的潘格洛斯博士经历了一系列灾难（如地震），但他一直乐观面对，直到他被祭司吊死在绞刑架上，以防止地震再次发生。

- 20岁时莱布尼茨离开莱比锡去往纽伦堡，在阿尔特多夫大学分校被授予博士学位，并被请求接受法学教授职位，但莱布尼茨拒绝了这个职位，他的理由是，自己有完全不同的抱负——他想成为一名外交官。

- 笛卡儿曾拒绝过陆军中将的头衔，理由也是他有别的追求。

- 牛顿曾被法国科学院选为外籍院士，是法国科学院的第二位外籍院士。

- 莱布尼茨比牛顿年轻3岁，也曾被法国科学院选为外籍院士，是法国科学院的第一位外籍院士。

- 牛顿与莱布尼茨是互相欣赏的：牛顿在谈论收敛级数时肯定了莱布尼茨的才华，莱布尼茨称赞牛顿一人独占数学世界的半个王国。

- 莱布尼茨研究过帕斯卡：莱布尼茨创立微积分的最初灵感源自帕斯卡的一篇谈论圆的论文；莱布尼茨计算器是在帕斯卡计算器的基础上改进的；帕斯卡三角是针对两个变量的二项式系数，莱布尼茨将其推广到了任意多个变量。

- 莱布尼茨与帕斯卡一样，终生未婚。

- 罗素称莱布尼茨为千古绝伦的大智者。

- 腓特烈二世评价莱布尼茨时称：他自己就是一所全科学院。

- 莱布尼茨认为引发人类行为的因素通常是潜意识，这意味着人类比自己想象的更接近于动物。

● 莱布尼茨认为事物都是相互联系的，任何单一实体都与其他实体相联系。

● 莱布尼茨为微积分设计了一套符号系统，用简短、图形化的方式表达了事物的本质，省去了许多思考的精力。

● 莱布尼茨具有在任何时候、任何地点、任何条件下工作的能力，他的大部分作品是在崎岖马路上不停颠簸的马车中完成的。

—————— 回头线 ——————

回味 1：莱布尼茨出生于_____国。

回味 2：二进制中使用的数字是_____和_____。

回味 3：_____与_____分别独立地发明了微积分。

43. 伯努利家族

古话说："将门有将，相门有相。"中国文学史上有苏洵、苏轼、苏辙"一门父子三词客"的传世佳话，世界科学史上有"伯努利家族"的世家美谈。究竟是遗传定性，还是家风塑人，使得优秀之人团聚于一家之中？

瑞士的伯努利家族是科学史上最著名的数学世家，在3代人中产生了8位数学家，其中几位十分突出，例如下面3位——

①雅各布·伯努利（1654—1705）。

雅各布·伯努利是伯努利家族的第一位数学家，他最初学习的是神学，后来不顾父亲的反对开始潜心研究数学，通过自学掌握了莱布尼茨的微积分。他为微积分的发展做出了重要贡献，使微积分学超出了牛顿和莱布尼茨所提出时的最初状态，并将微积分应用到了困难而重要的新问题上。

后来雅各布·伯努利一直担任巴塞尔大学的数学教授。

雅各布·伯努利研究了悬链线问题，并将其应用到了桥梁设计上。此外，他的研究成果还包括排列组合理论、概率论中的大数定律、导出指数级数的伯努利数以及变分原理等。雅各布·伯努利去世后，他的著作《猜度术》于1713年出版，其中涉及概率论、统计学、遗传学的研究和应用。

雅各布·伯努利的墓碑上刻着一条对数螺旋和一段铭文：纵使变化，依然故我。

②约翰·伯努利（1667—1748）——雅各布·伯努利之弟。

约翰·伯努利才气满身、脾气暴躁，他贬低牛顿、与哥哥争吵、将儿子赶出家门，实在很像《射雕英雄传》中的东邪黄药师。

约翰·伯努利最初学习的是医学，并取得了医学博士学位，但他不顾父亲的反对，将研究方向转向了数学。1695年他开始在荷兰的格罗宁根大学任数学教授，哥哥去世后他回到巴塞尔，接任了雅各布·伯努利的教授职务。

约翰·伯努利是一位超级出色的教师，看看他的学生：法国数学家洛必达、大儿子尼古拉、二儿子丹尼尔、瑞士数学家欧拉。

约翰·伯努利在数学上比他的哥哥雅各布·伯努利还多产，他为微积分在欧洲的传播做了大量工作。除了数学，他还研究了物理、化学、天文学；在应用方面他也有颇多贡献，例如：光学、潮汐理论、船只航行的数学理论等。

脾气可能与精力成正比，约翰·伯努利在去世的前几天依然很有活力。

③丹尼尔·伯努利（1700—1782）——约翰·伯努利之子。

约翰·伯努利希望儿子经商，就像父亲违背爷爷的职业规划意愿一样，丹尼尔·伯努利也违背了父亲的意愿——他未选择经商，选择了学医，而后又不自主地投身于数学研究。

丹尼尔·伯努利很强，他曾10次赢得法兰西科学院的奖金，唯一可以与之匹敌的是他的密友——欧拉。在某次奖项的竞争中他赢了自己的父亲约翰·伯努利，相传，这是他被父亲赶出家门的原因。

丹尼尔·伯努利25岁时成为圣彼得堡的数学教授，他不喜欢圣彼得堡的生活，后来回到巴塞尔大学任物理学教授之职，研究内容包括：微积分学、概率论、弦振动理论、气体动力学等。

丹尼尔·伯努利被称为数理物理学的奠基人，他最杰出的工作是关于流体力学的。物理学中的伯努利原理即出自丹尼尔·伯努利。

如果把数学比作醇酒，伯努利家族就是一群酒瘾指数五颗星的酒鬼，他们情不自禁地从各个领域跃迁到数学的身边，一番痛饮尽畅快。

下面几个数学小故事与伯努利家族关系密切——

①悬链线问题。

1690 年，雅各布·伯努利提出了悬链线问题。所谓悬链线问题是指不拉紧铁链而让其靠自身重力自然下垂，可形成一条曲线，求这条曲线的数学表达式。

伽利略在1638年曾研究过这个问题，他认为是抛物线，但这只是猜测。

雅各布·伯努利研究了这个问题，但没有进展。约翰·伯努利很高兴哥哥被这个难题卡住了，他用微积分证明了悬链线不是抛物线，而是与一个指数函数相关：$y = \dfrac{1}{2}(e^x + e^{-x})$。

②最速降线问题。

1696 年，约翰·伯努利提出了最速降线问题。所谓最速降线问题是指一个物体沿斜坡滑下，什么形状的斜坡可使物体下降得最快。

答案是摆线——当圆沿着一条水平线滚动时，圆周上固定的一点构成的路径即一条摆线。

这个问题难住了很多人，但约翰·伯努利本人、雅各布·伯努利、莱布尼茨、牛顿等人都推导出了正确结论。

③伯努利原理。

伯努利原理的依据是运动流体的总机械能保持恒定，所述总机械能包括：与流体压强有关的压力势能、流体的重力势能、流体的运动动能。

飞机机翼的设计即依据伯努利原理：机翼上部弯曲面的流速比下部快，所以机翼上部的压强比下部小，从而流体对机翼产生向上的力。

伯努利家族在微积分的发展和应用方面做出了卓越的贡献，特别是发现了微积分在几何和物理上的应用潜力。

————分割线————

- 甘茂学百家之术而为王臣，位及秦左丞相。其孙甘罗，年十二，一计而名成，位列上卿，声称后世。相门有相，又见一斑。

- 电影《无问西东》中的故事线之一，以管家、子弟、女性的形象展示了"三代五将"之家的礼仪品质、体智修为、眼界胸襟。大家之风，可见一斑，可敬可叹。

- 《南方人物周刊》编著的《世家》中介绍了9位近代人物的百年家族史，包括梁启超家族、曾国藩家族、李鸿章家族、袁世凯家族、鲁迅家族、钱锺书家族、英达家族、荣毅仁家族、马寅初家族。

- 统计发现，在超过120位的伯努利家族后代中，大多数在法律、古典学识、科学、文学、神学、法学、医学、管理、艺术上取得了成功。没有人失败。

- 一般观点认为，天才出现的决定因素是先天的，但如果没有有意或偶然的帮助，天才会枯萎。

- 雅各布·伯努利对大数定律的批注：只要能持续不断地观察所有事件，直到天荒地老，则世界上所有事件都会以固定的比发生；就算发生了让人最感意外的事件，我们也会把这起事件认定为一种既定的宿命。

- "积分"这个词是由雅各布·伯努利首先使用的。

- 雅各布·伯努利的座右铭：我违父意，研究群星。

- 洛必达法则出自约翰·伯努利，其中有一则故事是，法国贵族洛必达付酬劳给约翰·伯努利，请他教授微积分，他们达成协议——通信的内容属洛必达所有。后来洛必达将他学到的知识系统地整理成了一本微积分教科书，其中即收录有洛必达法则。

- 约翰·伯努利的孙子雅各布第二娶了欧拉的孙女。

- 在悬链线问题上，除了约翰·伯努利，莱布尼茨、惠更斯也都给出了正确解答。

- 20世纪90年代，荷兰创办了《伯努利》杂志。这是继《斐波那契季刊》之后又一份以数学家的名字命名的期刊。

- 丹尼尔·伯努利与欧拉的学术通信保持了近40年。

- 约翰·伯努利认为丹尼尔·伯努利在流体力学领域的发现是自己的功劳，这导致父子俩彻底闹翻。

- 一个关于丹尼尔·伯努利的笑话：年轻的丹尼尔·伯努利在旅行时与陌生人聊天，他客气地介绍自己说"我是丹尼尔·伯努利"，对方回"那，我是艾萨克·牛顿"。

- 给小学生的问题一：将两张薄纸近距离地平行竖直放置，向两纸间吹气，两纸将互相靠近还是互相分离？

- 给小学生的问题二：地铁在面前呼啸奔驰时，会将站台上人的衣服吸向地铁还是吹离地铁？

——————回头线——————

回味1：提出悬链线问题的是＿＿＿＿＿＿＿＿伯努利。

回味2：提出伯努利原理的是＿＿＿＿＿＿＿＿伯努利。

回味3：最速降线问题中，斜坡的形状为＿＿＿＿＿＿＿＿。

44. 欧 拉

作家倪匡称自己为"有人类以来写汉字最多的人"，相传他每天写字过万，且以此速一写 30 年。数学领域也有一位十分多产的天才，他就是欧拉。欧拉在一段时间平均每周都会发表一篇论文，他一生的作品占整个 18 世纪科学著作的四分之一。

莱昂哈德·欧拉（1707—1783）出生于瑞士的巴塞尔，父亲是一位牧师，母亲是一位牧师的女儿。

欧拉的父亲曾是雅各布·伯努利的学生，本身也是一位数学家。他为儿子做的人生规划是接替他乡村教堂牧师的职位，所以 13 岁的欧拉进入巴塞尔大学后选择学习的是神学和希伯来语。

聪颖过人的欧拉很快引起数学教授约翰·伯努利的注意，并享受到了大教授的小灶——约翰·伯努利每周给欧拉单独授课一次。也是在此时，欧拉与约翰·伯努利的儿子丹尼尔·伯努利、尼古拉·伯努利成为好朋友。

17 岁的欧拉获得硕士学位后，父亲一直坚持让他放弃数学，将时间用于神学，直到约翰·伯努利出面说服欧拉的父亲——欧拉注定将成为一位伟大的数学家。

欧拉毕业后的求职过程并不顺利。起先，欧拉申请担任巴塞尔大学的教授，没有成功。后来，当丹尼尔·伯努利、尼古拉·伯努利被圣彼得堡科学院聘请时，他们将 20 岁的欧拉引荐到了俄国——此时欧拉归属于医学部。直到 6 年后丹尼尔·伯努利离开圣彼得堡，欧拉才接替他获得圣彼得堡科学院的主要数学职位。

此为欧拉在俄国的第一次居留（1727—1741）。在俄期间欧拉不只从事数学研究，他还负责为俄国学校编写初等数学教科书、监督政府的地质部门、帮助改革度量衡、设计检验税率的有效方法等。

之后欧拉受到普鲁士腓特烈大帝的邀请，去柏林科学院工作了 25 年（1741—1766）。腓特烈喜欢被人吹捧，因此单纯的欧拉没有伏尔泰那般招人喜欢，但腓特烈欣赏欧拉的才干，欧拉的数学才干解决了造币、修水渠、开掘运河、制定年金制度等问题。

1766 年，59 岁的欧拉在叶卡捷琳娜二世的邀请下回到圣彼得堡——此为欧拉在俄国的第二次居留。叶卡捷琳娜按皇室的规格接待了欧拉，配给欧拉一栋家具齐全的房子，并将自己的厨师派给欧拉家负责管理膳食。

听说德国哲学家康德一辈子没有离开过他出生的小镇哥尼斯堡，数学家欧拉也挺类似：他一生的大部分时间是在圣彼得堡和柏林度过的。

欧拉患有白内障，先后失去了右眼、左眼的视力。失明后，欧拉的工作效率没有降低，反而提升了。他可能是神吧——欧拉直到生命的最后时刻依然神志清醒、思维敏捷，据传当他的烟斗从他的手中滑落时，他说了一句"我死了"，然后就真的死了。

欧拉研究的内容十分广泛，可以称他为数学通才。除了数学，物理、天文学、工程学等也都是他研究的领域。其数学研究成果中简单的几例列举如下——

①欧拉与伯努利家族都为微积分的发展与应用做出了重要贡献，相关著作包括《无穷小分析引论》《微分学原理》《积分学原理》。

②确立了数论作为数学的一个重要组成部分。哥德巴赫猜想即哥德巴赫与欧拉通信后成形的。

③研究了三角形中的几何学，使三角学成为一门系统的学科。建议人们考虑把正弦和余弦作为角度的函数并根据单位圆来定义它们。

④促进了组合学的发展。其贡献包括哥尼斯堡七桥问题、骑士旅行问题、欧拉36军官问题。

⑤欧拉数 e。$e \approx 2.71828$，它是当 n 趋向于无穷大时 $\left(1+\dfrac{1}{n}\right)^n$ 的极限值。欧拉 1737 年证明了 e 为无理数。

⑥欧拉公式：$e^{i\pi}+1=0$。人们称它为数学史上第一漂亮的公式，但它所表达的意义、所隐藏的内涵尚未被人们完全理解。

⑦欧拉多面体公式：$V-E+F=2$，即对凸多面体而言：顶点数 − 棱数 + 面数 =2。人们称它为数学史上第二漂亮的公式。

⑧欧拉函数：在数论中可用于求取小于等于 n 的正整数中与 n 互素的数的数目。

在史上最伟大数学家的排行榜上，欧拉总占一席。如果选取最伟大的 4 位数学家，另外 3 席通常为阿基米德、牛顿、高斯。

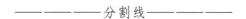
————分割线————

● 19 岁时，欧拉竞标巴黎科学院的授奖项目：在船上装桅杆的问题。欧拉这次没有获奖，但获得了荣誉提名。后来，欧拉 12 次赢得了这个奖项——彪悍之人的行为模式是被哪儿绊一跤，就把哪儿踏平！

● 那时，大学里的学者对科学研究不感兴趣，他们主要是在欧洲国王建立的皇家科学院工作和交流。

- 欧拉是富有的，那时科学院的薪俸和奖金足以让欧拉全家过上相当舒服的生活。欧拉一家一度不少于 18 人。

- 有人认为欧拉的多产源于他在俄国的第一次居留：应有的谨慎迫使他养成了勤奋的习惯。

- 欧拉很喜欢小孩——他有 13 个孩子，但除了 5 个以外其他都在幼时夭折了。可以想象这样的场景：当大一些的孩子围绕他嬉戏时，他在抱着婴儿写论文。对他来说，写作数学论文可能只是一件轻松的事吧。

- 相传，在家人两次喊欧拉吃饭的半小时间隙，他就可以完成一篇数学文章。

- 欧拉一些文章的出版顺序与写作顺序经常是颠倒的，因为欧拉的作品很多，但印刷工每次只是取欧拉书桌最上面的一摞文章印刷出版。

- 欧拉有非凡的记忆力，他背诵过约 12000 行的《埃涅阿斯纪》，能随时说出任一页的第一行和最后一行。

- 欧拉有超凡的计算能力，他可以心算一个结果到第 50 位数。他的心算不仅局限于算术范畴，更复杂困难的高等代数、微积分问题都是他心算的"小练习"。

- 计算很重要。因为万有引力的发现，行星的位置和月相是可以计算出来的，一位英国计算者为英国海军计算出了关于月相的图表，因而获得了 5000 英镑的奖励——这在那时是一笔相当大的数目。

- 法国数学家达朗贝尔说："把任何其他数学家置于欧拉之上都是一种不当的行为。"

- 欧拉名言：凡是我们头脑能够理解的，彼此都是相互联系的。

- 欧拉也研究天文学，那时的宫廷天文学家也负责算命。但欧拉只专注天文学研究，拒绝算命。

- 哥尼斯堡七桥问题后来成为拓扑学的出发点。

- 欧拉 36 军官问题即相互正交的六阶拉丁方阵问题，现在得知：对任一正整数 n 而言，都存在一对正交的拉丁方阵，两个例外为 $n=2$ 和 $n=6$。

- 欧拉发明或推广了：用 π 表示圆周率；用 i 表示虚数，i 为 -1 的平方根；用 $f(x)$ 表示函数；用 ∑ 表示求和；用 sin、cos、tan 表示三角函数。

- e^{π} 与 π^{e} 很接近，前者值更大一点。

- 2004 年，谷歌公司公开上市开始出售股票，首笔的报价是 2718281828 美元，即 e×10⁹ 美元。

- 欧拉砖：每条棱、每条面对角线都是整数的长方体。它已被证实存在。

- 完美的欧拉砖：每条棱、每条面对角线、体对角线都是整数的长方体。尚未确定其是否存在。

- 欧拉解决了牛顿没有解决的月球运动问题。

- 法国数学家拉普拉斯说：读读欧拉，读读欧拉的书，他是我们中的大师。

————————回头线————————

回味 1：欧拉数 e 的近似值为＿＿＿＿＿＿＿＿（小数点后保留 5 位）。

回味 2：欧拉多面体公式为＿＿＿＿＿＿＿＿。

回味 3：枚举欧拉生活过的两个城市：＿＿＿＿＿、＿＿＿＿＿。

45. 高　斯

　　孔融八九岁的幼子有覆巢无完卵的见识判断，曹植 10 岁可言出成论下笔成章，甘罗十二天下名扬任秦上卿。早慧的故事似乎总值得让历史偏爱一笔，在数学史上，早慧故事的首篇或属高斯。

　　卡尔·弗里德里希·高斯（1777—1855）出生于德国不伦瑞克，父亲曾任园丁等职，母亲为石匠的女儿。在贵族林立的数学家中，高斯的出身属平凡的，但他的成就或许是历史上最高的。

　　高斯 3 岁时，看父亲计算手下工人的工钱，指出父亲计算有误，并给出了正确答案。晚年时高斯喜欢开玩笑：他说在他会说话以前就知道怎样数数了。

　　高斯 10 岁时，在未有人指导教授的情况下，独自快速地总结出了等差数列的计算技巧。相传，让他秒杀的数学题是 $1+2+3+\cdots+100=$ ？

　　高斯 16 岁时，已经开始注意不同于欧几里得几何的另一种几何——非欧几何。

　　高斯 18 岁时，发现了最小二乘法。今天该方法在大地测量、观测的简化等工作中都是不可或缺的——勒让德于 1806 年独立发表了这个方法，高斯发现得早但没有发表，此事又成一桩"牛顿－莱布尼茨式"的公案。

　　高斯 19 岁时，发现并证明了二次互反律。这个问题曾让欧拉和勒让德困惑过，高斯是证明它的第一人，且在后来给出了 6 种不同的证明方法。

　　高斯 19 岁时，通过数论方法发现了正十七边形的尺规作图方法，这是一个 2000 多年来一直悬而未决的难题。此事直接导致：①高斯在语言学家和数学家的职业选择间不再徘徊；②开始记录他的科学日记——数学史上最宝贵的文件之一。

　　高斯 24 岁时，出版了《算术研究》。《算术研究》构建出了完整的数论，开创了现代数论的新纪元。《算术研究》是高斯的第一部杰作，有人认为它是高斯最伟大的作品。

上述任一件事，都足以成就一个人的美名。暖风却偏向着好花吹，它们全都被吹汇到了高斯身上，甚至远远不只如此——高斯说，在他26岁以前，有一堆势不可当的新思想在他脑海中翻腾，以至他几乎无法控制它们，他的时间只来得及记录一小部分。

少而批量有为，应该只能用天才来定位这种才气了吧。

古话说：力田不如逢年，善仕不如遇合。除了惊人的才华，善于识人的伯乐似乎也是天才的标配。像牛顿一样，高斯也有几位识他助他的贵人：坚定地为高斯发挥才干进行引导的母亲、倾注才智启发高斯的舅舅、持续给予高斯慷慨资助的斐迪南公爵。

高斯不仅早慧，而且完全未入"小时了了，大未必佳"的魔咒。他初出茅庐时技艺已炉火纯青且成果累累，在随后的一生中，他一直保持着这样的水准，且高水准的操作涉及的是十分广泛的领域——

1800—1820年，高斯主要研究天文学。牛顿说，通过极少的数据计算行星的轨道，是数理天文学中最困难的问题。通过详细巧妙的计算，高斯预测了谷神星将要出现的位置，人们在高斯预测的地方准确地再次发现了谷神星。

1820—1830 年，高斯主要研究测地学、曲面理论等。高斯曾任测地勘探的科学顾问，他的最小二乘法在此处得到了应用。在测量大地曲面时出现的问题引出了相对论的数学。高斯将微积分应用到了度量二维曲面的曲率上。

1830—1840 年，高斯主要研究电磁学、地磁学、牛顿的引力理论等。高斯奠定了电磁学的数学理论基础，于 1833 年发明了电报机，并与韦伯一起把它用来传送信息。高斯很少关注他的发明的用途，但韦伯感兴趣，韦伯看到了未来世界的模样。

1840—1855 年，高斯主要研究拓扑学、与单复变函数相联系的几何等。高斯预言拓扑学将成为数学中一个备受关注的主要课题。当柯西发表他在单复变函数理论中的发现时，高斯对它们置若罔闻，因为在多年前高斯已经到达了这个问题的核心。

高斯的很多作品没有出版，他说，他从事科学研究只是出于他天性的最深层的激励，至于这些著作是否要为其他人而出版，对他来说完全是次要的事。未出版的另一个原因可能源于他的严谨，他在身后只留下完美的作品，极其完美的作品。他说：一座大教堂在最后的脚手架拆除和挪走之前，还算不上是一座大教堂。

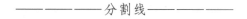
———————— 分割线 ————————

● 同余的符号概念源自高斯。
● 那时的数学包括数理物理学、数理天文学等，直到高斯出现，数学才被承认是一门其首要职责是为它自身工作的科学。

- 天才的大脑的运转方式凡人只能靠想象推测，很难判断那些与天才相关的故事属于客观的事实还是戏剧性的演绎：拉马努金听到数学问题后答案会从他的脑中自动跳出，牛顿看到苹果落地能想到万有引力，爱因斯坦看到工人跌落能想到引力场理论。

- 高斯与朋友谈话时会突然沉默下来，沉浸在他无法控制的思想中。

- 高斯说："如果其他人像我这样思考数学真理，且深入、持久，那他们也能得出我的这些发现。"

- 牛顿说想做出他那样的发现，只需要：一直想。

- 高斯的作品总是简明扼要到极致，有人打趣说："费马没有写出费马大定理的证明过程，因为书的边缘空隙太小了；高斯可以找到一个证明，但对这个证明过程而言，书的边缘空隙太大了。"

- 高斯拒绝证明费马大定理，理由是他对作为孤立命题的费马大定理不感兴趣，他可以轻易地写出一堆类似的不能证实也不能证伪的命题。

- 高斯的一些著作只有在很有天赋的数学家做出解释后，一般的数学家才能够理解它们。

- 高斯的科学日记记录了 146 个发现或计算结果的简要说明，它们中的一些成了 19 世纪数学研究的主要领域。

- 高斯科学日记一则：EYPHKA！（模仿阿基米德：找到啦！）$num = \triangle + \triangle + \triangle$，即一个正整数最多是 3 个三角形数的和。

- 高斯的印章是一棵树，树上果实稀疏，上面的座右铭是"少些，但是要成熟"。

- 非欧几何的创始人之一 J. 鲍耶投身非欧几何的研究时遭到父亲 F. 鲍耶的反对，理由是，它将剥夺你所有的闲暇、健康、思维的平衡以及一生的快乐，这个无底的黑洞将会吞噬 1000 个如灯塔般的牛顿。

- 数学家 F. 鲍耶是高斯的同学兼终身好友，当其子 J. 鲍耶将他的研究论文寄给高斯后，高斯回信说，他 30 年前已经得到了这一结果。

- F. 鲍耶称高斯为欧洲最伟大的数学家。

- 拉格朗日称高斯为第一流的数学家。

● 拉普拉斯说高斯是世界上最伟大的数学家。

● 《算术研究》出版时,高斯为感谢斐迪南公爵给予的帮助,将它题献给了这位公爵。

● 斐迪南公爵从高斯14岁开始资助他,帮助高斯读书、出版论文甚至结婚。高斯称斐迪南公爵为他所知道的最了不起的人物。

● 高斯曾被强迫为拿破仑的战争基金捐款2000法郎,天文学家奥伯斯、数学家拉普拉斯都曾替高斯解决这个经济问题,高斯将钱退还给了他们,拒绝了帮助。

● 拉普拉斯为高斯代缴罚金时说,能从他朋友的肩膀上卸下不应有的负担,是一种荣幸。

● 高斯讨厌教学,可能是因为普通学生的才能和水平很难让他满意吧——很熟悉的内心独白应该经常在高斯的脑海中回荡:你们是我教过的最差的一届学生。

● 黎曼是高斯的学生。

● 韦伯预言说全球可以覆盖上铁路网和电报网,使其像人体神经系统,实现物质与信息传输。

● 高斯结婚时幸福地说:"生活在我面前停滞了,像一个有着新的鲜明色彩的永恒的春天。"

● 高斯喜欢英国文学,会为小说的不幸结局难过好几天,也会为不符合科学常识的情节哈哈大笑。

● 高斯有很强的语言能力,他说学习新语言可以使他的头脑保持年轻。他62岁开始自学俄文,两年后便可以用俄文写信、写诗、写散文。

——————回头线——————

回味1:高斯19岁时证明了＿＿＿＿＿＿＿＿的尺规作图方法。

回味2:曾为高斯提供经济资助者:＿＿＿＿＿＿＿＿公爵。

回味3:同余的符号概念源自＿＿＿＿＿＿＿＿。

参 考 书 目

［1］蔡天新.数学简史［M］.北京:中信出版社,2017.

［2］埃里克 · 坦普尔 · 贝尔.数学大师［M］.徐源,译.上海:上海科技教育出版社,2018.

［3］乔尔 · 利维.奇妙数学史:从早期的数字概念到混沌理论［M］.崔涵,丁亚琼,译.北京:人民邮电出版社,2017.

［4］汤姆 · 杰克逊.奇妙数学史:数字与生活［M］.张诚,梁超,译.北京:人民邮电出版社,2018.

［5］迈克尔 ·J.布拉德利.古代数学先驱:10位古代数学家的故事［M］.陈松,译.上海:上海科学技术文献出版社,2018.

［6］理查德 · 布朗.30秒探索:数学［M］.柴宗泽,译.北京:机械工业出版社,2015.

［7］克利福德 · 皮寇弗.数学之书［M］.陈以礼,译.重庆:重庆大学出版社,2017.

［8］路沙 · 彼得.无穷的玩艺:数学的探索与旅行［M］.朱梧槚,袁相碗,郑毓信,译.大连:大连理工大学出版社,2017.

［9］米卡埃尔 · 洛奈.万物皆数［M］.孙佳雯,译.北京:北京联合出版公司,2018.

［10］约翰 · 格里宾.科学简史［M］.张帆,译.济南:山东画报出版社,2006.

［11］吴国盛.科学的历程［M］.2版.北京:北京大学出版社,2017.

［12］伽莫夫.从一到无穷大［M］.暴永宁,译.北京:科学出版社,2014.

［13］理查德 · 费曼,拉尔夫 · 莱顿.别逗了,费曼先生［M］.王祖哲,译.长沙:湖南科学技术出版社,2013.

［14］尤瓦尔 · 赫拉利.人类简史［M］.林俊宏,译.北京:中信出版社,2015.

［15］尤瓦尔·赫拉利.未来简史［M］.林俊宏,译.北京:中信出版社,2017.

［16］史蒂夫·霍金.时间简史［M］.许明贤,吴忠超,译.长沙:湖南科学技术出版社,2015.

［17］Richard Elwes.奇妙数学的100个重大突破:上册［M］.齐瑞红,译.北京:人民邮电出版社,2016.

［18］托尼·克里利.你不可不知的50个数学知识［M］.王悦,译.北京:人民邮电出版社,2018.

［19］远山启.数学与生活(修订版)［M］.吕砚山,李诵雪,马杰,莫德举,译.北京:人民邮电出版社,2014.

［20］孙剑.数学家的故事［M］.武汉:长江文艺出版社,2019.

［21］樱井进.有趣得让人睡不着的数学［M］.刘子璨,译.北京:北京时代华文书局,2019.

［22］比尔·伯林霍夫,费尔南多·辜维亚.这才是好读的数学史［M］.胡坦,生云鹤,译.北京:北京时代华文书局,2019.

［23］理查德·曼凯维奇.数学的故事［M］.冯速,译.海口:海南出版社,2018.

［24］伊恩·斯图尔特.数学万花筒(修订版)［M］.张云,译.北京:人民邮电出版社,2017.

［25］伊恩·斯图尔特.数学万花筒2(修订版)［M］.张云,译.北京:人民邮电出版社,2017.

后 记

    课上讲数学题的间隙，插播几个小故事，一来可辅助小朋友理解相关知识点，二来可调节上课的节奏。这是很多老师都熟悉的方法。不过经常会出现一种跑偏的局面：小朋友对故事的热情高过对知识点的热情。既然喜欢听故事，干脆多讲点儿好了，让耳朵一听到底过足瘾。但在课上纯讲故事是做不到的——课下可以。课下把与数学相关的小故事汇总成篇，结篇成集，便成了此书。

    编写本书的过程主要遵循以下几项原则。①多讲小故事、少涉数学题。避免把主线为故事的书编成一本辅导练习册，"数学糖果"即是希望它是数学正餐外的小小甜点。②淡化逻辑、尽量发散。开启"胡思乱想"模式，把有联系的故事串于一起成篇，让读者在发散性的串联过程中体验知识关联带来的乐趣。③简示数学史之一小角。数学史中的小小故事是数学发展过程中的里程碑，读数学故事除可体会其中趣味外，或可理解数学当下模样的来由，为打通"数学经脉"提供小小帮助。

    感谢家人及朋友的启发与帮助。小时候听奶奶讲过很多小故事，一直对"故事"这个词充满好感，感谢奶奶！"注重阅读与总结"是三叔一直给予的学习建议，本书即基于近年来上课与阅读经历的小小总结而成型，致敬三叔！弟弟知道我在写此书，每次聊天的时候都会催一催进度，谢谢胡琳！本书的章节发在公众号上时得到一些朋友的鼓励，多谢大家！

    每节的最后部分设置了 3 个小问题，问题的内容以故事为主，个别涉及数学计算问题。若对所述问题感兴趣，欢迎微信沟通。

胡顺鹏

2020 年 10 月 1 日于北京